# 石油石化领域理化检测
# 测量不确定度评定及实例汇编

中国合格评定国家认可委员会
青岛海关技术中心　　主编

中国石油大学出版社
CHINA UNIVERSITY OF PETROLEUM PRESS

山东·青岛

图书在版编目(CIP)数据

石油石化领域理化检测测量不确定度评定及实例汇编/
中国合格评定国家认可委员会,青岛海关技术中心主编
. - 青岛:中国石油大学出版社,2021.3
 ISBN 978-7-5636-7079-6

Ⅰ.①石… Ⅱ.①中… ②青… Ⅲ.①石油化学品-
物理化学性质-检测-不确定度-评估 Ⅳ.①TE626

中国版本图书馆 CIP 数据核字(2021)第 056877 号


书　　名:石油石化领域理化检测测量不确定度评定及实例汇编
　　　　　SHIYOU SHIHUA LINGYU LIHUA JIANCE CELIANG BUQUEDINGDU PINGDING JI SHILI HUIBIAN
主　　编:中国合格评定国家认可委员会　青岛海关技术中心

责任编辑:高　颖(电话　0532-86983568)
封面设计:乐道视觉

出　版　者:中国石油大学出版社
　　　　　　(地址:山东省青岛市黄岛区长江西路 66 号　邮编:266580)
网　　址:http://cbs.upc.edu.cn
电子邮箱:shiyoujiaoyu@126.com
排　版　者:我世界(北京)文化有限责任公司
印　刷　者:沂南县汶凤印刷有限公司
发　行　者:中国石油大学出版社(电话　0532-86981531,86983437)
开　　本:787 mm×1 092 mm　1/16
印　　张:10
字　　数:219 千字
版 印 次:2021 年 3 月第 1 版　2021 年 3 月第 1 次印刷
书　　号:ISBN 978-7-5636-7079-6
定　　价:48.00 元

# 编　委　会

# Preface 前　言

/////////////////////////////////////////

　　测量不确定度是"根据所用到的信息,表征赋予被测量量值分散性的非负参数",即测量不确定度是对测量结果的分散性的度量,是被测量的取值范围,也是定量说明测量结果"质量好坏"的一个参数。一个完整的测量结果,除了应给出被测量的最佳估计值之外,还应同时给出测量结果的不确定度。

　　1999 年,我国发布了技术规范 JJF 1059—1999《测量不确定度评定与表示》,其基本概念、评定和表示方法都与国际标准 ISO/IEC GUIDE 98-3—2008《测量不确定度:第 3 部分　测量不确定度表示指南》(Uncertainty of measurement—Part 3:Guide to the expression of uncertainty in measurement)(简称 GUM)保持一致。

　　2010 年,中国合格评定国家认可委员会(CNAS)秘书处发布了 CNAS-GL28《石油石化领域理化检测测量不确定度评估指南及实例》(以下简称指南),为行业实验室在测量不确定度评估方面提供了较好的指导。2012 年,我国技术规范 JJF 1059 依据新版GUM 进行了重大修订。为了提供更多实用的不确定度评定方法,2012 年我国发布了GB/T 27411—2012《实验室中常用不确定度评定方法与表示》,介绍了 4 种 Top-Down法进行的测量不确定度评定。此外,标准 ISO/IEC 17025—2017 对认可实验室在测量不确定度方面也提出了更高的要求。但 CNAS-GL28 自 2010 年发布后未有实质性修订,已不再适应当前的新需求,亟须修订以对 GUM 和 JJF 1059—1999 等标准进行重新解读,并新增、优化相应案例,以对读者进行引导。因此,CNAS 秘书处在 2018 年启动了指南修订和相关研究工作。本书是 CNAS 研究课题"石油石化领域理化检测测量不确定度评估研究"(2018CNAS17)的成果输出之一。

　　经过 CNAS 秘书处与青岛海关技术中心等单位的共同努力,修订后的 CNAS-GL016—2020《石油石化领域理化检测测量不确定度评估指南及实例》已正式发布。指南是对 CNAS-GL28—2010 的全面修订,简化了术语和定义部分的内容;对石油石化领域测量不确定度评定的 2 种常用方法即 GUM 法和 Top-Down 法进行了详尽的介绍;改进了 GUM 法评估的基本流程;实例部分仅保留 CNAS-GL28—2010 中的 1 个实例并进行了修改(闪点),新增了 6 个代表性实例,包括 2 个典型物理项目(燃料油运动黏度和柱状岩芯液渗透率)和 4 个典型化学项目(柴油酸度、柴油中硫含量、汽油中锰含量及驱油用聚丙烯酰胺水解度)的测量不确定度评定实例,可为石油石化领域理化检测工作中测量不确定度的评定提供指导和参考。

CNAS-GL016—2020 的附录 D"石油石化领域理化检测测量不确定度评估实例"使用了 GUM 法("自下而上")或 Top-Down 法("自上而下")的不确定度评定方法,这些典型实例阐明了两种评定方法的原理及具体步骤。为了便于检测机构在进行不确定度评定时有更多可以参考的实例,本书在指南的基础上,进一步增加了 GUM 法不确定度评定的实例展示(第一章、第四章、第五章及第六章),其中不确定度的 A 类评定涉及贝塞尔法、极差法以及预评估法。本书实例对涉及的石油产品类型在指南的基础上进一步扩充,包括原油、汽油、柴油、燃料油、润滑油、乙醇汽油、石油焦、沥青、油田化学助剂等,实例覆盖面更广,希望为更多石油石化领域从业人员提供不确定度评定的帮助。

较早的不确定度评定方法为 GUM 法,采用自下而上的分析逻辑,对所有导致测量结果分散性的影响因素进行分析并予以量化,建立模型并进行数学合成。近年来,Top-Down 法评定不确定度逐步被采用,它采用顶层设计理念,利用实验室(测量系统)内质控数据、实验室间的能力比对、标样定值等比对数据,从精密度和偏倚 2 个方面整体评定测量结果的不确定度。目前大多数检测实验室仍然采用 GUM 法评定不确定度,但随着 Top-Down 法的引入及宣贯,该评定方法将会得到进一步的推广应用。本书在第二章及第四章第一节、第四节分别给出了 Top-Down 法的介绍及案例。

本书第三章主要介绍不确定度在测量程序的改进和质量控制以及在合格评定方面的应用,结合代表性实例解读,便于读者更好地理解和运用 GUM 或 Top-Down 等方法评定得到的测量结果的不确定度,帮助实验室进一步提升技术管理水平和风险识别能力。

本书适用于有一定不确定度评定基础的检测人员参考使用。阅读时注意循序渐进,建议与 JJF 1059.1—2012、CNAS-GL016—2020、GB/T 27411—2012、RL 141 等相关标准和文件相互参考。本书适合作为石油石化检测领域开展不确定度评定的参考,也适合作为石油石化检测领域认可评审的参考,亦适合作为实验室管理人员组织如能力验证等质量控制活动的参考。

本书的编写和出版得到 CNAS 秘书处领导的大力支持。本书编写人员长期从事石油石化领域实验室管理和检验工作,在不确定度评定方面具有丰富的经验。青岛海关技术中心丁仕兵编写了第一章、第三章第一节,并提供了原油倾点测量实例;青岛海关技术中心冯真真编写了第二章,并提供了石油焦灰分测量实例;青岛关区龙口海关综合技术服务中心罗晓编写了第三章第二节,并提供了原油硫含量测量实例、原油沉淀物含量测量实例;青岛海关技术中心王扬提供了残渣燃料油元素含量测量实例,杨莹提供了烃族组成和苯含量测量实例,崔海提供了原油残炭测量实例,曲刚提供了乙醇汽油中乙醇含量测量实例;青岛关区日照海关综合技术服务中心周润峰提供了沥青针入度测量实例等;广东省惠州市石油产品质量监督检验中心闻环、张文媚提供了汽油苯含量(Top-Down 法)测量实例;广州海关技术中心莫蔓提供了润滑油酸值、燃料油中硫化氢、高温高剪切黏度测量共 3 个实例;中石化炼化工程(集团)股份有限公司洛阳技术研发中心白正伟提供了汽油苯含量测量(GUM 法)、柴油芳烃含量测量共 2 个实例;天津市产品质量监督检测技术研究院边晖提供了柴油馏程测量实例;中国石油化工股份有限公司胜利油田分公司技术检测中心徐英彪提供了原油黏度测量实例;中国石化销售股份有限公司油品技术研究所马淑明提供了石油产品密度测量实例;中国石油化工股份有限公司石油化工科学研究院欧育豹提供了柴油总污染物含量测量实例;中国石油化工股份有限公司中原油田分公司技术监测中心张爱武、孙桂春提供了破乳剂无机氯含量、钻井液用膨润土中压滤失量测量实例。青岛海关技术中心相关人员为本书的编写投入了大量时间和精力,校核了所有实例数据计算;CNAS石油石化专业委员会全体委员在百忙之中为本书审稿把关,在此一并表示衷心的感谢。

由于作者水平有限,加之时间仓促,书中错误及不足之处在所难免,敬请广大专家学者和读者批评指正,以便进一步完善。

本书编委会
2021 年 1 月

# Contents 目 录

# 第一章 GUM 法

## 第一节 综 述

### 一、GUM 法简介

JJF 1059.1—2012《测量不确定度评定与表示》是根据十多年来我国实施 JJF 1059—1999 的经验及最新国际标准 ISO/IEC GUIDE 98-3—2008《Uncertainty of measurement—Part 3: Guide to the expression of uncertainty in measurement》(简称 GUM)制定的,这种方法可称为 Bottom-Up 方法,即从下而上或自底向上的方法。

简单地说,该方法就是根据测量结果的具体检测过程,找出并分别评定各个不确定度分量,然后合成为测量结果的不确定度,其评定的关键是"全面而不重复地"评定各个分量。

进行不确定度评定时,实验过程的条件控制、各分量的最大偏差等均来源于规范要求、计量校准、实验室比对等(如标准物质的定值及其不确定度来源于定值实验室测量结果),这使得不确定度的评定结果可以在不同实验室之间进行比较(如测量审核的评价),也可以逐项分析各分量对总不确定度的贡献大小,从而改善操作程序或确定质量控制关键控制点。

### 二、A 类评定和 B 类评定方式的选用

在一个测量不确定度的具体评定过程中,通过对具体检测数据的统计计算得出标准偏差的评定方式称为 A 类评定,由此而来的不确定度习惯上也称为 A 类不确定度;通过证书、经验等计算的不确定度评定模式称为 B 类评定,由此而来的不确定度习惯上也称为 B 类不确定度。一般来说,各种随机波动因素导致的不确定度用 A 类评定,各种带有一定分布概率的最大偏差因素导致的不确定度用 B 类评定。

每一个分量的不确定度都可能来源于几个因素,可以采用 A 类评定、B 类评定,或二者兼用,但同一个因素只能用一种评定方法,否则会产生重复评定。一般来说,测量结果不确定度的 A 类评定包含各个直接测量分量的 A 类不确定度,因此无须对每个直接测量参数的 A 类不确定度分别进行评定。

若某个参数是通过独立于测量结果实验的另一个实验得到的,则该参数应建立自己的测量模型并通过 A 类评定和/或 B 类评定得到其标准不确定度。如标准滴定溶液的浓

度的不确定度,该不确定度可作为 B 类不确定度分量输入给测量结果,而无须再次考虑标定过程的 A 类不确定度分量。这也进一步说明了不确定度的评定取决于具体的实验过程。

实际上,评定测量结果所引用的各个参数的 B 类不确定度分量也多来源于它们各自的 A 类评定,如基准物质的纯度、相对分子质量及标准物质的标称值、校正因子等。这些预先评定的不确定度作为 B 类分量通过测量模型引入最终测量结果。采用 B 类评定简单方便,可节省大量成本,缺点是采用最大偏差或误差评定可能会比实际情况放大不确定度。

在 B 类评定时,测量模型经常包含校正因子,如校准证书提供的因子、回收率实验测得的因子、体积膨胀等,应注意由此而得到的修正值是对结果进行修正,修正值的不确定度应通过修正值的测量模型评定,而不能将修正值本身作为不确定度。

A 类评定、B 类评定的使用详见本章第六节。

### 三、自由度与标准偏差的安全因子

用贝塞尔公式计算标准偏差(A 类不确定度评定方式之一)时默认检测结果符合正态分布,此时的自由度为测量次数减 1。一般来说,重复性检测次数不少于 10。

《测量不确定度评定与表示》(JJF 1059.1—2012) 3.31 条备注 3 指出,自由度反映了相应实验标准偏差的可靠程度,用贝塞尔公式计算标准偏差 $s$ 时,$s$ 的相对标准偏差(反映了 $s$ 的可靠程度)为 $\sigma(s)=1/\sqrt{2\nu}$,其中 $\nu$ 为自由度。当测量次数为 10 时,$\nu=9$,$s$ 的相对标准偏差为 0.24,可靠程度为 76%。由此可见,自由度越小,用贝塞尔公式计算得到的 $s$ 的不可靠程度越大。解决这个问题有三个思路:一是采用合并标准偏差的评定,二是采用预评估法计算标准偏差,三是引入安全因子(见表 1-1)以扩大标准偏差。

表 1-1  安全因子

| 测量次数 $n$ | 自由度 $\nu$ | $t$ 分布临界值 | 正态分布包含因子 $k$ | 安全因子 $h$ |
| --- | --- | --- | --- | --- |
| 2 | 1 | 12.706 20 | 1.959 964 | 6.5 |
| 3 | 2 | 4.302 653 | 1.959 964 | 2.2 |
| 4 | 3 | 3.182 446 | 1.959 964 | 1.6 |
| 5 | 4 | 2.776 445 | 1.959 964 | 1.4 |
| 6 | 5 | 2.570 582 | 1.959 964 | 1.3 |
| 7 | 6 | 2.446 912 | 1.959 964 | 1.2 |
| 8 | 7 | 2.364 624 | 1.959 964 | 1.2 |
| 9 | 8 | 2.306 004 | 1.959 964 | 1.2 |
| 10 | 9 | 2.262 157 | 1.959 964 | 1.2 |

当自由度较小时,测量结果符合 $t$ 分布,包含因子 $k$ 应取 $t$ 分布临界值(包含概率 $p=95\%$,双侧),安全因子 $h$ 为 $t$ 分布临界值和正态分布包含因子($p=95\%$,$k=1.96$) 的比值。单次测量值 $x_i$ 和平均值 $\bar{x}$ 的 A 类不确定度 $u_A$ 按下式计算:

$$u_A(x_i) = s(x_i)h \tag{1-1}$$

$$u_A(\bar{x}) = \frac{s(x_i)h}{\sqrt{n}} \tag{1-2}$$

## 四、输入量的概率分布类型及包含因子

B 类不确定度评定中将有关输入量 $x_i$ 可能变化的数据、信息转换成标准不确定度时,会涉及这些数据的分布类型和包含因子。

设 $x_i$ 的误差范围或不确定度区间为 $-a \sim +a$,其中 $a$ 为区间半宽,则 B 类不确定度评定的计算公式如下:

$$u_B(x_i) = \frac{a}{k_p} \tag{1-3}$$

式中,包含因子 $k_p$ 是根据输入量 $x_i$ 在 $x_i \pm a$ 区间内的分布来确定的。

在石油石化检测中常见的输入量的概率分布类型有以下几种:

(1) 正态分布(高斯分布)。若 $x_i$ 受多个独立量的影响,且影响程度相近,或 $x_i$ 本身就是重复性条件下几个观测值的算术平均值,则可视为正态分布。正态分布的包含概率 $p$ 与包含因子 $k_p$ 的关系见表 1-2。测量数据的分布通常服从正态分布,当包含概率为 95.45% 时,包含因子 $k_p$ 为 2(一般情况下包含概率为 95%,取包含因子 $k=2$)。

表 1-2　正态分布的包含概率 $p$ 与包含因子 $k_p$ 的关系

| $p/\%$ | 50 | 68.27 | 90 | 95 | 95.45 | 99 | 99.73 |
|---|---|---|---|---|---|---|---|
| $k_p$ | 0.675 | 1 | 1.645 | 1.960 | 2 | 2.576 | 3 |

(2) 均匀分布(矩形分布)。若 $x_i$ 在 $x_i \pm a$ 区间内各处出现的概率相等,而在区间外不出现,则 $x_i$ 服从均匀分布,当包含概率为 100% 时,包含因子 $k_p$ 取 $\sqrt{3}$,此时 $u_B(x_i) = \frac{a}{\sqrt{3}}$。一般评定设备、仪器、数显仪表的最大允差,数显测量仪器的示值量化,检测结果数据修约所引起的不确定度分量时,按均匀分布处理。例如,数字式天平称量误差和读数偏差等可认为服从均匀分布。

(3) 三角分布。若在 $x_i \pm a$ 区间内,$x_i$ 在中间附近出现的概率大于在区间边界出现的概率,则可认为 $x_i$ 服从三角分布,当包含概率为 100% 时,包含因子 $k_p$ 取 $\sqrt{6}$,此时 $u_B(x_i) = \frac{a}{\sqrt{6}}$。在化学分析中,评定容量瓶、量杯、滴定管、移液管等最大允差所引起的不确定度分量时,可按三角分布处理,也可按均匀分布处理。值得注意的是,B 类不确定度评定时应优先使用校准证书给出的本次校准的数据。当没有校准数据时,可参考使用 CNAS-GL016—2020 附录 C 中容量器皿的允差,利用公式 $u_B(x_i) = \frac{a}{\sqrt{6}}$ 或者 $u_B(x_i) = \frac{a}{\sqrt{3}}$ 计算出容量器皿的体积误差引入的不确定度。

除上述几种分布外,还有梯形分布、反正弦分布、两点分布等。当输入量 $x_i$ 在 $[-a, +a]$ 区间内的分布难以确定时,通常认为服从均匀分布,包含因子 $k_p$ 取 $\sqrt{3}$。

将 A 类、B 类不确定度最终合成为标准不确定度时,一般认为符合正态分布,包含

因子 $k_p$ 取 $2$。

## 五、不确定度传播率

测量结果 $y$ 的不确定度取决于影响该结果的各个参数 $x_i$ 的不确定度,其测量模型可写为:

$$y = f(x_i) \tag{1-4}$$

则:

$$[u(y)]^2 = \sum \left[ \frac{\partial f}{\partial x_i} u(x_i) \right]^2 + \sum \sum 2r \frac{\partial f}{\partial x_i} \frac{\partial f}{\partial x_j} u(x_i) u(x_j) \tag{1-5}$$

式中    $r$——$x_i$ 和 $x_j$ 之间的相关系数。

各个分量的偏微分系数又称为灵敏系数,反映了各个分量的不确定度对结果不确定度的影响程度。各个分量的不确定度以灵敏系数和不确定度乘积的平方和以及协方差和的形式传播给测量结果。不相关的参数之间的相关系数为 $0$,协方差项可以省略。不确定度以标准不确定度 $u$ 的平方形式传播。多数参数之间没有相关性,如恒重前后的称量值、移液管移取的体积和容量瓶定容体积、吸光度和样品量等。如果某个参数的取值和另外的参数有关,则它们具有相关性,例如和浓度有关的回收率校正因子、同一条工作曲线计算的同一个测试对象的测量结果、同一个移液管多次移取溶液的体积等。

完全相关时:

$$u(y) = \sum \frac{\partial f}{\partial x_i} u(x_i) \tag{1-6}$$

完全不相关时:

$$[u(y)]^2 = \sum \left[ \frac{\partial f}{\partial x_i} u(x_i) \right]^2 \tag{1-7}$$

为了计算方便,某几个分量的不确定度可以预先合成。

## 六、相关性

有限次测量时,相关系数定义为:

$$r(x_i, x_j) = r(x_j, x_i) = \frac{s(x_i, x_j)}{s(x_i) s(x_j)} \tag{1-8}$$

协方差为:

$$u(x_i, x_j) = r(x_i, x_j) u(x_i) u(x_j) = \frac{1}{n-1} \sum_{k=1}^{n} (x_{ik} - \overline{x_i})(x_{jk} - \overline{y_i}) \tag{1-9}$$

在 $x_i$ 和 $x_j$ 之间,当有一个为常数时,或者在不同实验室用不同测量设备、在不同时间测得的量值,或者独立测量的不同量的测量结果,协方差可取为零,即没有相关性,相关系数为零。

当 $x_i$ 和 $x_j$ 因为与同一个量 $q$ 有关而相关时,$x_i = F(q)$,$x_j = G(q)$,协方差估计为:

$$u(x_i, x_j) = \frac{\partial F}{\partial q} \frac{\partial G}{\partial q} [u(q)]^2 \tag{1-10}$$

当无法用统计数据计算相关系数时，可采用近似方法。固定其他条件，使 $x_i$ 变化 $\delta_i$，测得 $x_j$ 变化 $\delta_j$，则有：

$$r(x_i, x_j) \approx \frac{u(x_i)\delta_j}{u(x_j)\delta_i} \tag{1-11}$$

如果 $x_j$ 不随 $x_i$ 变化，则二者没有相关性，或相关性很弱，可以忽略其协方差。

# 第二节　评定程序

## 一、评定流程

评定不确定度时，首先确定要评定的测量结果及其测量过程，简要描述包含各个输入量（用于计算测量结果）的测量过程，用数学再现测量过程的方式写出测量模型。测量模型应包含所有用于计算测量结果的输入量，而不应该简单引用计算公式。

测量模型中除计算百分含量而相乘的 100 外，不应含有其他数值，宜全部用参数表示。各参数的单位要严格规范，同一参数在评定过程中单位要一致，并且在整个评定过程采用相同单位，如用 $m$ 表示质量，单位可以用 mg 或 g。

当最终结果是重复实验的平均值时，应包含平均值的测量模型。

用 GUM 法评定测量不确定度的一般流程如图 1-1 所示。

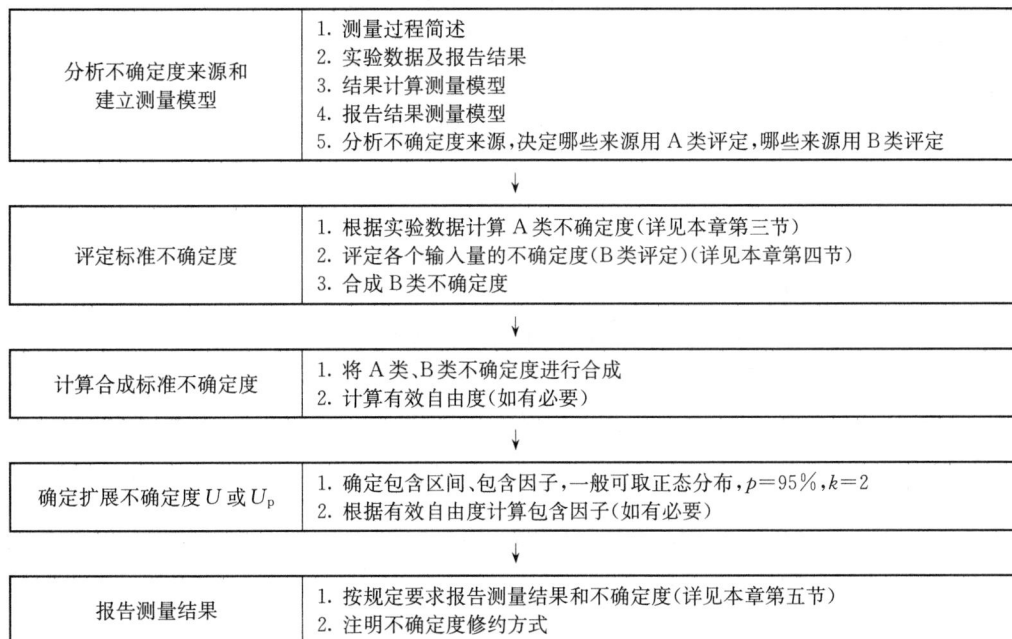

| 分析不确定度来源和建立测量模型 | 1. 测量过程简述<br>2. 实验数据及报告结果<br>3. 结果计算测量模型<br>4. 报告结果测量模型<br>5. 分析不确定度来源，决定哪些来源用 A 类评定，哪些来源用 B 类评定 |
|---|---|

↓

| 评定标准不确定度 | 1. 根据实验数据计算 A 类不确定度（详见本章第三节）<br>2. 评定各个输入量的不确定度（B 类评定）（详见本章第四节）<br>3. 合成 B 类不确定度 |
|---|---|

↓

| 计算合成标准不确定度 | 1. 将 A 类、B 类不确定度进行合成<br>2. 计算有效自由度（如有必要） |
|---|---|

↓

| 确定扩展不确定度 $U$ 或 $U_p$ | 1. 确定包含区间、包含因子，一般可取正态分布，$p=95\%$，$k=2$<br>2. 根据有效自由度计算包含因子（如有必要） |
|---|---|

↓

| 报告测量结果 | 1. 按规定要求报告测量结果和不确定度（详见本章第五节）<br>2. 注明不确定度修约方式 |
|---|---|

图 1-1　用 GUM 法评定测量不确定度的一般流程

## 二、测量不确定度的来源分析

测量不确定度的来源分析尤为重要,这是因为将检测过程中引入不确定度的来源分析清楚,是顺利、准确、可靠地进行评定的基础。从影响测量结果的因素考虑,测量结果的不确定度一般来源于被测对象、测量仪器、测量环境、测量人员和测量方法。特别要注意对测量结果影响较大的不确定度来源,应避免重复和遗漏。

在实际测量中,根据石油石化检测的特点,产生不确定度的因素大致可归纳为:

(1) 取样、制样、样品储存及样品本身引起的不确定度。例如,样品不均匀、不稳定及制样过程引入的不确定度。

(2) 检测过程中使用的天平、砝码、容量器皿、千分尺、游标卡尺等计量器具本身存在的误差引起的不确定度。即使对其量值进行了校准,还存在校准的不确定度(但要小得多)。

(3) 测量条件变化引入的不确定度。例如,测量过程中温度的变化引起的体积变化。

(4) 标准物质的参考值、基准物质的纯度等引入的不确定度。

(5) 测量方法、测量过程等引入的不确定度。例如,测量环境、测量条件控制不当而导致沉淀、滴定终点的变动;标准物质和工作曲线基体与样品组成不匹配;基体不一致引起的空白、背景和干扰的影响;样品难分解而导致分解彻底程度不一致;实验设备、环境对测量的污染变动;等等。

(6) 工作曲线的线性及其变动性、测量结果的修约引入的不确定度。

(7) 模拟式仪器读数存在的人为偏差。例如,电光分析天平、滴定管、移液管、分光光度计刻度重复读数的不一致。

(8) 数字式仪表由于指示装置的分辨力引入的指示偏差。例如,输入信号在一个已知区间内变动,却给出同一示值。

(9) 引用的常数、参数、经验系数等的不确定度。例如,相对原子质量、理想气体常数等。

(10) 测量过程中的随机因素,以及随机因素与上述各因素间的交互作用,表现为在表面上看来完全相同的条件下,重复测量量值的变化。

这些产生不确定度的因素不一定都是独立的。在一定条件下,某些因素可能是不确定度的主要贡献者,而另一些因素的贡献可能极其微小,可以忽略不计。在检测过程中,可能还有一些尚未认识到的系统效应,目前还不太可能在不确定度评定中予以考虑,但它们可能导致测量结果的偏差。

每个输入量(测量模型中的参数)不确定度的来源可能有几个,如称量质量的不确定度来源就有(2)和(10)两项,每个来源在评定不确定度时根据具体的测量过程可能使用 A 类、B 类评定方式。

各个来源不确定度的详细评定参见本章第六节。

## 第三节　不确定度的 A 类评定

不确定度的 A 类评定基于具体的实验数据,具有严格的统计学意义,通常有以下几种方法。

### 一、贝塞尔法

贝塞尔法是以贝塞尔公式计算的标准偏差来表示。对 $Y$ 进行 $n$ 次独立测量,单次测量结果 $x_i$ 的标准不确定度 $u(x_i)$ 就等于实验标准偏差 $s(x_i)$:

$$u(x_i) = s(x_i) = \sqrt{\frac{\sum (x_i - \bar{x})^2}{n-1}} \tag{1-12}$$

如果以平均值作为最终结果报告,则平均值的不确定度 $u(\bar{x})$ 为:

$$u(\bar{x}) = \frac{u(x_i)}{\sqrt{n}} = \frac{s(x_i)}{\sqrt{n}} = \sqrt{\frac{\sum (x_i - \bar{x})^2}{n(n-1)}} \tag{1-13}$$

在具体评定中,为区别于 B 类不确定度,A 类不确定度一般加下标"A",即用 $u_A(\bar{x})$ 表示。

贝塞尔公式计算的标准偏差作为 A 类标准不确定度是最基本的方法,但应该指出的是,贝塞尔法一般要求不少于 10 次独立的检测结果,因此推荐实验室采取预评估标准偏差法和合并标准偏差法。在实验室质量控制稳定的情况下,这两种方法能够方便地给出 A 类不确定度,且这两种方法的基础依然是贝塞尔法。在日常检测工作中,只需检测 2~4 次甚至 1 次,A 类不确定度就可直接引用,详见本节标题二和标题三部分的内容。

以贝塞尔公式计算标准偏差时要注意的是:

(1) 最终测量结果由同一个实验室得出,多次测量必须在重复性测量条件下进行。重复性的条件指:

① 相同的测量程序;

② 相同的测量人员;

③ 在相同条件下使用相同的测量设备;

④ 相同的地点;

⑤ 短时间内重复测量。所谓短时间,一般理解为其他条件能充分保证一致的时间。

(2) 从理论上来说,测量次数越多,通过它们所得出的实验标准偏差越可靠。但测量次数越多,重复性条件就越难以保证,测量所用的时间也就越长。因此,必须根据测量的精度要求、测量的水平、测量的实际用途选取适当的测量次数。一般要求测量次数不小于 10 次。

(3) 报出测量结果时,通常为未修正的结果,如果有修正值或修正因子,应对其进行适当修正才能作为最终的测量结果。此时,修正因子应写入测量模型并作为 B 类不确定度的分项之一。当修正值或修正因子的不确定度可以忽略时,是否修正与其分散性无关。

## 二、预评估标准偏差法

在日常开展的同一类检测中,如果测量系统稳定,测量重复性无明显变化,则可用该系统以与测量被检测样品相同的测量程序、操作者、操作条件和地点,预先对一典型样品进行 $n$ 次测量(一般 $n$ 不小于 10),由贝塞尔公式计算单次测得值的标准偏差 $s(x_i)$,以此作为测量不确定度的 A 类评定结果。对于某个样品的实际测量,可以只测量 $n'$ 次,并以 $n'$ 次独立测量结果的算术平均值作为估计值。该估计值的标准偏差即标准不确定度的 A 类分量为:

$$u_{\mathrm{A}}(\bar{x}) = s(\bar{x}) = \frac{s(x_i)}{\sqrt{n'}} \tag{1-14}$$

此时,$u_{\mathrm{A}}(\bar{x})$ 的自由度为 $n-1$,而不是 $n'-1$。

## 三、合并标准偏差法

实验室在两种情况下可以采用合并标准偏差的评定模式确定 A 类不确定度。

(1) 对一个测量过程,采用核查标准和控制图的方法使测量过程处于统计控制状态,设每次核查时的测量次数为 $n_j$(自由度为 $\nu_j$),每次核查时的实验标准偏差为 $s_j$,共核查 $m$ 次。

(2) 使用同一个测量仪器在相同条件下(如使用同一条标准曲线)对基本相同含量(如标准曲线读数基本相同)的 $m$ 组样品进行测量,设每组测量时的测量次数为 $n_j$(自由度为 $\nu_j$),每组测量时的实验标准偏差为 $s_j$。

按照以上两种情况,统计控制状态下的 A 类不确定度可以用合并实验标准偏差 $s_{\mathrm{P}}$ 表征,其自由度为 $\sum \nu_j$。

$$u(x_i) = s(x_i) = s_{\mathrm{P}} = \sqrt{\frac{\sum \nu_j s_j^2}{\sum \nu_j}} \tag{1-15}$$

实验室日常检测时,当对某个样品测量 $n'$ 次,并以 $n'$ 次独立测量的算术平均值作为估计值时,该估计值的标准偏差即标准不确定度的 A 类分量为:

$$u_{\mathrm{A}}(\bar{x}) = s(\bar{x}) = \frac{s_{\mathrm{P}}}{\sqrt{n'}} \tag{1-16}$$

此时,$u_{\mathrm{A}}(\bar{x})$ 的自由度为 $\sum \nu_j$,而不是 $n'-1$。

使用合并标准偏差的评定模式,将日常检测和实验室控制结合起来,采用多组数据,也可以有效提高自由度,进而降低由于日常检测次数较少带来的风险,是非常值得推荐的一种方法。值得注意的是,各测量列标准偏差 $s_j$ 不应有显著性差异,统计上可用柯克伦(Cochran)法检验 $s_j^2$ 的一致性,即检验各方差估计中是否有离群方差。

合并样本的标准偏差也称为组合实验标准偏差。由上述公式计算得到的合并样本的标准偏差 $s_P$ 仍是单次测量结果的实验标准偏差。

## 四、极差法

一般在测量次数较少时采用该方法评定获得标准偏差。对 $X$ 进行 $n$ 次独立测量,用测量结果的极差统计单次测量的标准偏差为:

$$s(x_i) = \frac{x_{\max} - x_{\min}}{d_n} \tag{1-17}$$

式中　$d_n$——极差系数,见表1-3。

表 1-3　极差系数 $d_n$ 表

| $n$ | 2 | 3 | 4 | 5 | 6 | 7 | 8 | 9 | 10 |
|-----|------|------|------|------|------|------|------|------|------|
| $d_n$ | 1.13 | 1.69 | 2.06 | 2.33 | 2.53 | 2.70 | 2.85 | 2.97 | 3.08 |
| $\nu$ | 0.9 | 1.8 | 2.7 | 3.6 | 4.5 | 5.3 | 6.0 | 6.8 | — |

将测量的算术平均值作为估计值,其标准偏差即标准不确定度的 A 类分量为:

$$u_A(\bar{x}) = s(\bar{x}) = \frac{s(x_i)}{\sqrt{n}} \tag{1-18}$$

极差法计算 $u_A(\bar{x})$ 的自由度可由表1-3查得,而不是 $n-1$,即自由度降低。

## 五、最小二乘法

最小二乘原理是一个数学原理,它给出了数据处理的一条法则,即在最小二乘意义下所获得的最佳结果(或最可信赖值)应使残余误差的平方和最小。作为数据处理的手段,最小二乘法在诸如实验曲线拟合、组合测量的数据处理等方面已获得了广泛的应用,也同样适用于标准偏差、不确定度的计算。当被测量的估计值是由实验数据通过最小二乘法拟合的直线或曲线得到的时,任意预期的估计值或拟合曲线参数的标准不确定度均可以利用已知的统计程序计算得到。

### 1. 以标准系列单次测量代入回归分析

对于物理量 $Y$ 和 $X$,通过测量系列点 $(x_i, y_i)$ 并用最小二乘法计算曲线方程,其中 $x_i$ 是标准系列中的浓度值,$y_i$ 为测量信号值,则测量模型为:

$$y_i = ax_i + b \tag{1-19}$$

$$a = \frac{\sum x_i y_i - \frac{1}{n} \sum x_i \sum y_i}{\sum x_i^2 - \frac{1}{n} \left( \sum x_i \right)^2} \tag{1-20}$$

$$b = \frac{\sum y_i}{n} - \frac{\sum x_i}{n} a \tag{1-21}$$

式中　$n$——参与标准曲线制作的系列浓度测量的数据对的数量。

若同一个标准点测量多次且分别代入回归分析，则应分别计入 $n$ 内，如有 5 个浓度点，每个浓度点测量 3 次，每个测量数据都代入回归分析，则 $n=15$。各标准偏差及相关系数的计算见式(1-22)～式(1-26)。

$$s = \sqrt{\frac{\sum \nu_i^2}{n-2}} \tag{1-22}$$

$$\nu_i = y_i - (ax_i + b) \tag{1-23}$$

$$s_a^2 = \frac{s^2}{\sum x_i^2 - \frac{1}{n}\left(\sum x_i\right)^2} \tag{1-24}$$

$$s_b^2 = \frac{s^2}{n\left[\sum x_i^2 - \frac{1}{n}\left(\sum x_i\right)^2\right]}\sum x_i^2 \tag{1-25}$$

$$r(a,b) = -\frac{\sum x_i}{\sqrt{n \sum x_i^2}} \tag{1-26}$$

式中 $r(a,b)$——$a$ 和 $b$ 的相关系数。

在样品测量时，如果得到信号值 $y$，则浓度值 $x$ 的测量模型为：

$$x = \frac{y-b}{a} \tag{1-27}$$

校准不确定度通过 $a$ 和 $b$ 两个系数传递给样品测量结果。$a$ 和 $b$ 两个系数的标准偏差即 $a$ 和 $b$ 的标准不确定度。

$$
\begin{aligned}
u^2(x) &= a^{-2}u^2(y) + a^{-2}s_b^2 + a^{-4}(y-b)^2 s_a^2 + 2\left[-\frac{(y-b)(-a^{-1})}{a^2}\right]r(a,b)s_a s_b \\
&= \frac{u^2(y) + s_b^2 + x^2 s_a^2 + 2xr(a,b)s_a s_b}{a^2}
\end{aligned} \tag{1-28}
$$

将标准偏差代入式(1-28)，可得：

$$
\begin{aligned}
[u(x)]^2 &= \frac{[u(y)]^2}{a^2} + \frac{s^2}{a^2}\left\{\frac{\sum x_i^2}{n\left[\sum x_i^2 - \frac{1}{n}\left(\sum x_i\right)^2\right]} + \frac{x^2}{\sum x_i^2 - \frac{1}{n}\left(\sum x_i\right)^2} + \right. \\
&\quad \left. 2x\left(-\frac{\sum x_i}{\sqrt{n \sum x_i^2}}\right)\sqrt{\frac{\sum x_i^2}{n\left[\sum x_i^2 - \frac{1}{n}\left(\sum x_i\right)^2\right]}}\sqrt{\frac{1}{\sum x_i^2 - \frac{1}{n}\left(\sum x_i\right)^2}}\right\} \\
&= \frac{u^2(y)}{a^2} + \frac{s^2}{a^2}\left\{\frac{\sum x_i^2}{n\left[\sum x_i^2 - \frac{1}{n}\left(\sum x_i\right)^2\right]} + \frac{x^2}{\sum x_i^2 - \frac{1}{n}\left(\sum x_i\right)^2} + \right. \\
&\quad \left. \frac{2x\left(-\sum x_i\right)}{n\left[\sum x_i^2 - \frac{1}{n}\left(\sum x_i\right)^2\right]}\right\}
\end{aligned}
$$

$$= \frac{u^2(y)}{a^2} + \frac{s^2}{a^2} \left\{ \frac{\sum x_i^2 + nx^2 - 2x(\sum x_i)}{n\left[\sum x_i^2 - \frac{1}{n}(\sum x_i)^2\right]} \right\}$$

$$= \frac{u^2(y)}{a^2} + \frac{s^2}{a^2} \left[ \frac{1}{n} + \frac{(x-\bar{x})^2}{\sum x_i^2 - \frac{1}{n}(\sum x_i)^2} \right] \tag{1-29}$$

式(1-29)计算的是对样品经处理而得的测量对象(如处理好上机测量的汽油锰含量测量试液)测试一次读数得到的结果的不确定度。当测量 $p$ 次,且以 $p$ 次测量的平均值计算并报告一次测量结果时,考虑到读数 $y$ 主要来源于仪器的随机离散性,可以认为 $y$ 的标准不确定度和曲线拟合标准偏差 $s$ 一致。式(1-29)中第一项是随机效应导致的不确定度,$p$ 次测量之间是不相关的,第二项是利用标准曲线计算一次带来的不确定度。$p$ 次测量平均值的不确定度为:

$$\bar{y} = \frac{y_1 + y_2 + \cdots + y_p}{p}$$

$$u^2(\bar{y}) = \frac{u^2(y)}{p} = \frac{s^2}{p}$$

$$u^2(x) = \frac{u^2(y)}{pa^2} + \frac{s^2}{a^2}\left[\frac{1}{n} + \frac{(x-\bar{x})^2}{\sum x_i^2 - \frac{1}{n}(\sum x_i)^2}\right]$$

$$= \frac{s^2}{a^2}\left[\frac{1}{p} + \frac{1}{n} + \frac{(x-\bar{x})^2}{\sum x_i^2 - \frac{1}{n}(\sum x_i)^2}\right] \tag{1-30}$$

值得注意的是,在实验记录中,上述 $p$ 次测量的平均值为一次实验结果。如用原子吸收分光光度计测量汽油中锰含量,每个试液测量 3 次,以吸光度的平均值计算测量结果,这个结果就是平行重复实验中的一次结果。

**2. 以多次测量平均值代入回归分析**

设 $n$ 为参与标准曲线制备的系列浓度测量的数据对的数量,同一个标准点测量 $w$ 次且以平均值代入回归分析,如 5 个浓度点,每个浓度点测量 3 次,则 $n=5$,$w=3$。$x_i(i=1,2,\cdots,n)$ 为浓度点,$y_i(i=1,2,\cdots,n)$ 为信号值,$w_k(k=1,2,\cdots,w)$ 为测量次数。

对于物理量 $Y$ 和 $X$,通过测量系列点 $(x_i, \overline{y_i})$ 并用最小二乘法计算曲线方程,其中 $x_i$ 是标准系列中的浓度值,$\overline{y_i}$ 为测量信号平均值,得到测量模型为:

$$y = ax + b$$

$$a = \frac{\sum x_i \overline{y_i} - \frac{1}{n}\sum x_i \sum \overline{y_i}}{\sum x_i^2 - \frac{1}{n}(\sum x_i)^2}$$

$$b = \frac{\sum \overline{y_i}}{n} - \frac{\sum x_i}{n}a$$

$$s = \sqrt{\frac{\sum v_i^2}{n-2}}$$

$$
\begin{aligned}
v_i &= \overline{y_i} - (ax_i + b) \\
&= \frac{\sum y_{i,k}}{w} - (ax_i + b) \\
&= \frac{\sum y_{i,k} - w(ax_i + b)}{w} = \frac{\sum [y_{i,k} - (ax_i + b)]}{w} \\
&= \frac{\sum v_{i,k}}{w}
\end{aligned}
$$

在计算过程中,数学上不能区分$\overline{y_i}$为单次测量信号值还是$w$次测量的平均值,当使用$w$次测量的平均值代入回归分析时,理论上拟合偏差会比单次测量($w=1$)时有所降低,但实际结果只能根据具体的实验数据计算。

**3. 不同数据代入回归分析的不同**

设$p$为参与标准曲线制备的系列浓度,同一个标准点测量1次或$w$次,如5个浓度点,每个浓度点测量3次,则$n=5,w=3$。根据测量和代入回归分析数据的不同,有3种方式进行最小二乘法计算:① 每个标准浓度点测量1次,共$n=p$个数据对;② 每个标准浓度点测量$w$次,取平均值代入回归分析,共$n=p$个数据对;③ 每个标准浓度点测量$w$次,每个测量值代入回归分析,共$n=pw$个数据对。

第1种方式:

$$s = \sqrt{\frac{\sum v_i^2}{n-2}}$$

第2种方式:

$$s = \sqrt{\frac{\sum v_i^2}{n-2}} = \sqrt{\frac{1}{n-2} \sum \left(\frac{\sum v_{i,k}}{w}\right)^2}$$

第3种方式:

$$s = \sqrt{\frac{\sum v_i^2}{pw-2}}$$

从分母来看,3种方式的拟合偏差依次减小,由于拟合的斜率和截距随拟合方式的不同而不同,所以具体数据应根据实际测量情况计算,理论上第1种方式精度最差。

**4. 不同拟合方式比较示例**

按照NB/SH/T 0689—2020测量硫含量,每个标准油样测量3次(表1-4),分别以上述3种回归方式计算标准曲线,共计算5条工作曲线(表1-5)。对同一个油样测量10次,每次进样3次,以3次的平均值作为测量结果,并计算工作曲线带来的不确定度,见表1-6。当每个点只测量1次时,可能会导致不确定度增大。

表 1-4 标准曲线检测值

| 浓度(质量比) /(mg·kg⁻¹) | 硫信号积分 | | | |
|---|---|---|---|---|
| | 1 | 2 | 3 | 平 均 |
| 0 | 117.68 | 80.99 | 687.60 | 295.42 |
| 2 | 1 938.15 | 2 421.03 | 2 137.91 | 2 165.70 |
| 4 | 3 336.66 | 4 051.11 | 3 812.83 | 3 733.53 |
| 6 | 5 687.50 | 5 062.94 | 5 644.72 | 5 465.05 |
| 8 | 7 001.39 | 6 729.56 | 6 976.38 | 6 902.44 |
| 10 | 8 333.04 | 8 673.84 | 8 886.95 | 8 631.28 |
| 15 | 13 679.53 | 14 164.01 | 14 073.90 | 13 972.48 |

表 1-5 不同拟合方式计算值

| 计算项 | 曲线 1 （全部参与） | 曲线 2 （以平均值） | 曲线 3 （第 1 次数据） | 曲线 4 （第 2 次数据） | 曲线 5 （第 3 次数据） |
|---|---|---|---|---|---|
| $\sum x_i y_i$ | 1 209 526.08 | 403 175.36 | 395 882.41 | 404 459.17 | 409 184.5 |
| $\sum x_i$ | 135 | 45 | 45 | 45 | 45 |
| $\sum y_i$ | 123 497.72 | 41 165.91 | 40 093.95 | 41 183.48 | 42 220.29 |
| $\sum x_i^2$ | 1 335 | 445 | 445 | 445 | 445 |
| $n$ | 21 | 7 | 7 | 7 | 7 |
| $a$ | 889.69 | 889.69 | 887.11 | 897.21 | 884.75 |
| $b$ | 161.41 | 161.41 | 24.86 | 115.58 | 343.79 |
| $r$(拟合) | 0.995 9 | 0.997 5 | 0.997 4 | 0.994 4 | 0.997 4 |
| $r(a,b)$ | −0.806 3 | −0.806 3 | −0.806 3 | −0.806 3 | −0.806 3 |
| $s$ | 398.95 | 349.54 | 361.12 | 531.04 | 353.65 |
| $s(a)$ | 18.46 | 28.01 | 28.94 | 42.56 | 28.34 |
| $s(b)$ | 147.17 | 223.34 | 230.73 | 339.31 | 225.96 |

表 1-6 不同拟合方式的不确定度比较

| 拟合模式 | 曲线 1 （全部参与） | 曲线 2 （以平均值） | 曲线 3 （第 1 次数据） | 曲线 4 （第 2 次数据） | 曲线 5 （第 3 次数据） |
|---|---|---|---|---|---|
| 测试数据 | 5 981.65,6 056.65,6 053.7,平均 6 030.67($p=3$) | | | | |
| 测试结果 /(mg·kg⁻¹) | 6.60 | 6.77 | 6.60 | 6.59 | 6.43 |
| 校准带来的不确定度 /(mg·kg⁻¹) | 0.28 | 0.28 | 0.27 | 0.41 | 0.28 |

## 第四节　　不确定度的 B 类评定

当输入量 $x_i$ 不是通过重复观测得到时,例如容量器皿的误差、标准物质特性量值等,这时它的标准不确定度不能用统计方法评定,而可以通过 $x_i$ 的可能变化的有关信息或资料的数据来评定。不确定度的 B 类评定的信息一般包括:

(1) 以前的测量或评定的数据;

(2) 对有关技术资料和测量仪器特性的了解和经验;

(3) 制造商提供的技术文件;

(4) 校准、检定证书提供的数据、准确度的等级或级别,包括暂时使用的极限允差;

(5) 手册或资料给出的参考数据及其不确定度;

(6) 指定检测方法的国家标准或类似文件给出的重复性限 $r$ 或再现性限 $R$。

这类评定方法的标准不确定度称为 B 类标准不确定度。若要恰当地使用有关 B 类标准不确定度评定的信息,则需要有一定的经验和基础知识。

原则上,所有的不确定度分量都可以用评定 A 类不确定度的方法进行评定,因为这些信息中的数据基本上都是经过大量的实验用统计方法获得的。但是这并不是每个实验室都能做到的,因为要花费大量的精力,而且也没有必要都这样做。B 类不确定度评定可以与 A 类评定一样可靠,特别是当 A 类评定中独立测量次数较少时,获得的 A 类不确定度未必比 B 类标准不确定度更加可靠。在一个测试过程中,A 类评定的某个分量不确定度可以作为另一个测试过程的 B 类不确定度分量传递给结果,如标准曲线、标准溶液的不确定度可以作为计算结果的 B 类不确定度分量。

B 类不确定度分量对应的物理量宜写入测量模型,否则宜归于 A 类不确定度分量评定。B 类不确定度分量的分布类型和包含因子可参阅本章第一节第四部分内容。

B 类不确定度评定的基础是确定半宽和包含因子,应根据所给出的资料合理确定。如果某基准试剂标签给出的含量(质量分数)范围为 99.75% ± 0.10%,则半宽为 0.10%,实际计算时含量取 99.75%,而不是 100%;如果给出的含量范围为 99.995% ~ 100.05%,则半宽为 0.005%,实际计算时含量取 100%。

标准物质证书一般都会给出标称值的来源和包含因子,其中包含因子除明确指明外,一般取 2。例如某标准物质给出如下信息:标称值 0.315%,扩展不确定度 0.010%,且指出标称值为 8 个实验室协同实验结果,则查 $t$ 分布表可得包含因子为 2.365。

## 第五节　　报告结果和不确定度

当给出完整的测量结果时,一般应报告其测量不确定度及有关信息。当需要单独提供不确定度报告时,应尽可能详细地提供有关不确定度评定的信息,以便正确地利用测量结果并评价不确定度评定过程。有几种情形需要单独提供不确定度报告:① 评审机构需要核查不确定度评定能力；② 客户需要；③ 参与测量审核且采用 $E_n$ 评价(参考 CNAS-GL002—2018 附录 C.2.1)，组织测量审核机构需要评价参与者的评定过程；④ 实验室自身查找质量关键控制点。

## 一、详细的测量不确定度报告

详细的测量不确定度报告一般应包含如下信息(请参阅本书的不确定度评定案例)：

(1) 被测量的简要实验方法、测量数据、结果及测量模型；

(2) 不确定度来源，包括修正值和常数，可忽略的来源也应说明；

(3) 每个输入量的估计值、标准不确定度及其评定的方法、过程，必要时列出表格；

(4) 灵敏系数；

(5) 输出量的不确定度分量，必要时给出各分量的自由度；

(6) 对所有相关的输入量给出协方差或相关系数；

(7) 合成标准不确定度及计算过程；

(8) 扩展不确定度及其确定方法，应给出包含因子(某些情况下不需要给出包含概率)；

(9) 报告测量结果，包括被测量的估计值和测量不确定度。

## 二、报告测量结果及其合成标准不确定度

报告日常检测结果时，一般情况下无须提供详细的不确定度报告，仅给出被测量的估计值、扩展不确定度的数值和包含因子 $k$ 值就足够了。

报告测量结果的标准不确定度时，推荐采用测量结果(单位)加上标准不确定度(单位)。

例如，盐酸标准溶液浓度 $c(HCl)$ 的平均值为 0.050 46 mol/L，其合成标准不确定度 $u_c(HCl)$ 为 0.000 08 mol/L，则报告测量结果可表示为：

$$盐酸标准溶液浓度\ c(HCl) = 0.050\ 46\ mol/L$$
$$合成标准不确定度\ u_c(HCl) = 0.000\ 08\ mol/L$$

当使用合成标准不确定度时，不能使用"±"符号，因为标准不确定度和标准偏差意义一致，不为负值。

## 三、报告测量结果的扩展不确定度

报告测量结果的扩展不确定度时，推荐采用测量结果±扩展不确定度(单位)，包含因子($k$ 为 2)，对应的包含概率($p$ 近似为 95%)。

例如，盐酸标准溶液浓度为 $c(HCl)$，被测量的平均值为 0.050 46 mol/L，其合成标准不确定度 $u_c(HCl)$ 为 0.000 08 mol/L，取包含因子 $k=2$，扩展不确定度 $U=2\times$ 0.000 08 mol/L=0.000 16 mol/L，则建议报告为：

$$c(HCl) = (0.050\ 46 \pm 0.000\ 16) mol/L, \quad k=2$$

或采用相对扩展不确定度，报告为：

$$c(HCl) = 0.050\ 46\ mol/L, \quad U_r = 0.32\%, \quad k=2$$

式中 $U_r$——相对扩展不确定度。

### 四、数值有效位数

测量结果及其不确定度的数值在表示时不可给出过多的位数。通常不确定度不应超过两位有效数字,不确定度的位数与测量结果的位数相同。在评定过程中,不确定度至少应多保留一位,最终报告时可以按照正常的修约规则修约,也可以采取进位修约,在详细的不确定度报告中应说明。

## 第六节　石油石化检测的典型过程、不确定度来源及测量模型

石油石化检测领域基本的测量过程包含称量、量取或读取体积、测量温度以及它们的组合如重量法、容量法等。将这些测量过程与仪器测量相结合,可以归纳为标准曲线法、校准系数法、内插法、库仑法、蒸馏法等。在这些测量过程中,还包括零点不确定度、可忽略的不确定度分量等。

### 一、零点不确定度

"零点"可以理解为以下几种情况:

(1) 测量值为零或者接近零而无法给出检测值的区间;

(2) 空白实验;

(3) 容量分析的初读数;

(4) 将实验介质调整到某一水平(如酸度实验将溶剂调整到淡粉色)作为空白;

(5) 添加一定量的被测量,检测结果减去添加量而得出的空白值;

(6) 校正值为 0,如 20 ℃时的溶液体积校正值为 0。

第(1)种情况,主要指称量时清零,零点具有和被测物称量值相同的不确定度来源,包括将皮重清零后形成的零点。

第(2)种情况,空白实验的不确定度评定程序和常规实验一致,但灵敏系数应根据具体的测量模型计算,可能不一致。

第(3)种情况,初读的不确定度评定程序和终读一致,但灵敏系数应根据具体的测量模型计算,可能不一致。

第(4)种情况,空白实验的不确定度可以认为只是由指示剂变色程度导致的,包含在 A 类评定中,作为质量控制措施,应保证变色程度和终点一致。

第(5)种情况,空白实验的不确定度评定程序需要根据具体实验过程单独评定,评定出的空白不确定度可以作为 B 类不确定度的一个分量输入检测结果的不确定度中。

第(6)种情况,校正值为 0 的不确定度无须考虑。

## 二、可忽略的不确定度分量

有些不确定度分量较小（属微小不确定度），对合成不确定度的贡献不大。例如，某结果不确定度的一个分量为 1.0（A 类），另一个分量为 0.33（B 类），二者的合成不确定度为 1.05，与 A 类不确定度相差 5%，即分量 0.33（B 类）在合成标准不确定度中的贡献可以忽略。通常相对原子质量、物质的摩尔质量、试剂纯度等分量相对于测量重复性、工作曲线变动性分量要小得多，一般可以忽略。

## 三、数值修约

根据修约间隔，数值修约的测量模型可写为式（1-31），即先把修约间隔变换为"1"，修约后再变换回去。

$$x' = R \frac{\left(x \frac{1}{\delta}\right)}{\frac{1}{\delta}} \tag{1-31}$$

式中　$R$——数值修约，按"四舍六入五成双"的原则修约；

　　　$\delta$——修约间隔。

**示例 1-1**

$x = 10.523$，修约至 $0.01$，即 $\delta = 0.01$ 时：

$$x' = R \frac{\left(10.523 \times \frac{1}{0.01}\right)}{\frac{1}{0.01}} = R \frac{(1\ 052.3)}{100} = \frac{1\ 052.0}{100} = 10.52$$

修约的不确定度为：

$$u_R(x') = \frac{\frac{\delta}{2}}{\sqrt{3}} = \frac{0.005}{\sqrt{3}} = 0.002\ 9$$

当修约间隔 $\delta = 0.02$ 时：

$$x' = R \frac{(10.523 \times 50)}{50} = R \frac{(526.15)}{50} = \frac{526.0}{50} = 10.52$$

修约的不确定度为：

$$u_R(x') = \frac{0.01}{\sqrt{3}} = 0.005\ 8$$

当修约间隔 $\delta = 0.05$ 时：

$$x' = R \frac{(10.523 \times 20)}{20} = R \frac{(210.46)}{20} = \frac{210.0}{20} = 10.50$$

修约的不确定度为：

$$u_R(x') = \frac{0.025}{\sqrt{3}} = 0.014$$

当修约间隔 $\delta=0.1$ 时：

$$x' = R\frac{(10.523 \times 10)}{10} = R\frac{(105.23)}{10} = \frac{105.0}{10} = 10.5$$

修约的不确定度为：

$$u_R(x') = \frac{0.05}{\sqrt{3}} = 0.029$$

由此可见,数值修约的不确定度随修约间隔的不同有较大的不同,其是否可以忽略应根据具体情况进行分析。一般来说,修约前后数值精度不变的,可以忽略其不确定度。

## 四、天平称量

根据实验目的,主要有两种称量方式：

(1) 天平调水平,稳定后清零(以 $E$ 表示零点),称皮重 $m_1$,加样品后重 $m_2$,得样品质量 $m$;

(2) 天平调水平,稳定后加称量瓶清零(以 $E$ 表示零点),加样品后重 $m_2$,得样品质量 $m$。

两种称量方式对应的测量模型为式(1-32)、式(1-33)。

$$m = m_2 - m_1 - E \tag{1-32}$$

$$m = m_2 - E \tag{1-33}$$

称量的不确定度参考检定或校准证书,证书中包含实际分度值 $d$、检定分度值 $e$ 和最大称量偏差 $MPE$,一般可以取为均匀分布,$k$ 取 $\sqrt{3}$,$e$ 和 $d$ 没有相关性。每次读数包括清零。

实际分度值 $d$：相邻两个示值之差,也称为示值分度、示值精度,当质量称量的最后一位显示为 $D$ 时,实际质量为 $D-\dfrac{d}{2} \sim D+\dfrac{d}{2}$。

检定分度值 $e$：与天平准确度级别有关的值,$d \leqslant e \leqslant 10d$。

最大称量偏差 $MPE$：由检定或校准证书给出,如果只给出准确度级别而未给出具体值,则按最大误差估计。根据准确度级别和载荷,$MPE = \pm 0.5e$、$\pm 1.0e$、$\pm 1.5e$,参见 JJG 1036—2015。

按式(1-32)记录称量结果,其不确定度为：

$$u^2(m) = u^2(MPE) + u^2(d) = 2\left(\frac{MPE}{\sqrt{3}}\right)^2 + \left(\frac{d/2}{\sqrt{3}}\right)^2 \tag{1-34}$$

按式(1-33)记录称量结果,其不确定度为：

$$u(m) = \sqrt{2} \cdot \sqrt{\left(\frac{MPE}{\sqrt{3}}\right)^2 + \left(\frac{d/2}{\sqrt{3}}\right)^2} \tag{1-35}$$

第二次称量如果和第一次不在同一个量程范围,则根据检定或校准证书引用新的 $e$

和 $d$；如果在同一个量程范围，则二者的不确定度相同。

按测量模型式(1-32)的方式称量时，$m_1$ 和 $m_2$ 共用一个零点，存在相关性，消除相关性的操作为每次称量均重新调零。上述模型式(1-32)的称量方式调整为：天平调水平，稳定后清零(以 $E$ 表示零点)，称皮重 $m_1$，再次调零，加样品重 $m_2$，得样品质量 $m$。其不确定度的测量模型为：

$$m = (m_2 - E) - (m_1 - E) \tag{1-36}$$

如果对同一样品进行多次测量，则示值分度 $d$ 带来的不确定度已经包含在 A 类不确定度评定之中，无须合成到样品量的不确定度之中。如果只做单次测量，则应按照式(1-34)或式(1-35)合成不确定度。

**示例 1-2**

按《石油沥青四组分测定法》(NB/SH/T 0509—2010)测定石油沥青中芳香烃的含量。天平调平且稳定后放置锥形瓶清零($E$)，称取样品 $m_1$(g)；盛放芳香烃的称量瓶恒重为 $m_2$(g)，芳香烃加称量瓶恒重为 $m_3$(g)。芳香烃含量[$w(A)$]的计算公式为：

$$w(A) = \frac{m_3 - m_2}{m_1} \times 100\% \tag{1-37}$$

芳香烃[$w(A)$]的测量模型为：

$$w(A) = \frac{(m_3 - E) - (m_2 - E)}{m_1 - E} \times 100\% \tag{1-38}$$

## 五、容量瓶定容

设容量瓶体积为 $V$(mL)，检定为 A 级，允差为 $\pm e$(mL)，且呈均匀分布，$k$ 取 $\sqrt{3}$，则测量模型及其不确定度为：

$$V = V \text{ (mL)} \tag{1-39}$$

$$u(V) = \frac{e}{\sqrt{3}} \text{ (mL)} \tag{1-40}$$

由于视觉等原因，液面不与标线完全相切，其导致的不确定度包含在 A 类不确定度评定之中，无须单独考虑。

## 六、移液管移取

设移液管移取体积为 $V$(mL)，检定为 A 级，允差为 $\pm e$(mL)，且呈均匀分布，$k$ 取 $\sqrt{3}$，则测量模型及其不确定度为：

$$V = V \text{ (mL)} \tag{1-41}$$

$$u(V) = \frac{e}{\sqrt{3}} \text{ (mL)} \tag{1-42}$$

由于视觉等原因，液面不与标线完全相切，其导致的不确定度包含在 A 类不确定度评定之中，无须单独考虑。

## 七、基准试剂

设基准试剂的纯度为$(p-e)_1$(%)～$(p+e)_2$(%)，且呈均匀分布，$k$ 取$\sqrt{3}$，则测量模型及其不确定度为：

$$p = p\ (\%) \tag{1-43}$$

$$u(p) = \frac{\frac{e_2 - e_1}{2}}{\sqrt{3}}\ (\%) \tag{1-44}$$

## 八、标准物质

标准物质的不确定度由标准物质证书给出，例如图 1-2 所示的 CANNON 黏度标油(标准油样)证书中，按运动黏度范围给出了三个使用温度区间的不确定度，通过描述和单位“Expanded Uncertainty(%)”可知，证书中提供的是相对扩展不确定度，包含概率 $p$=95%，包含因子 $k$=2，同时也指出了动力黏度的相对扩展不确定度和运动黏度的一致。

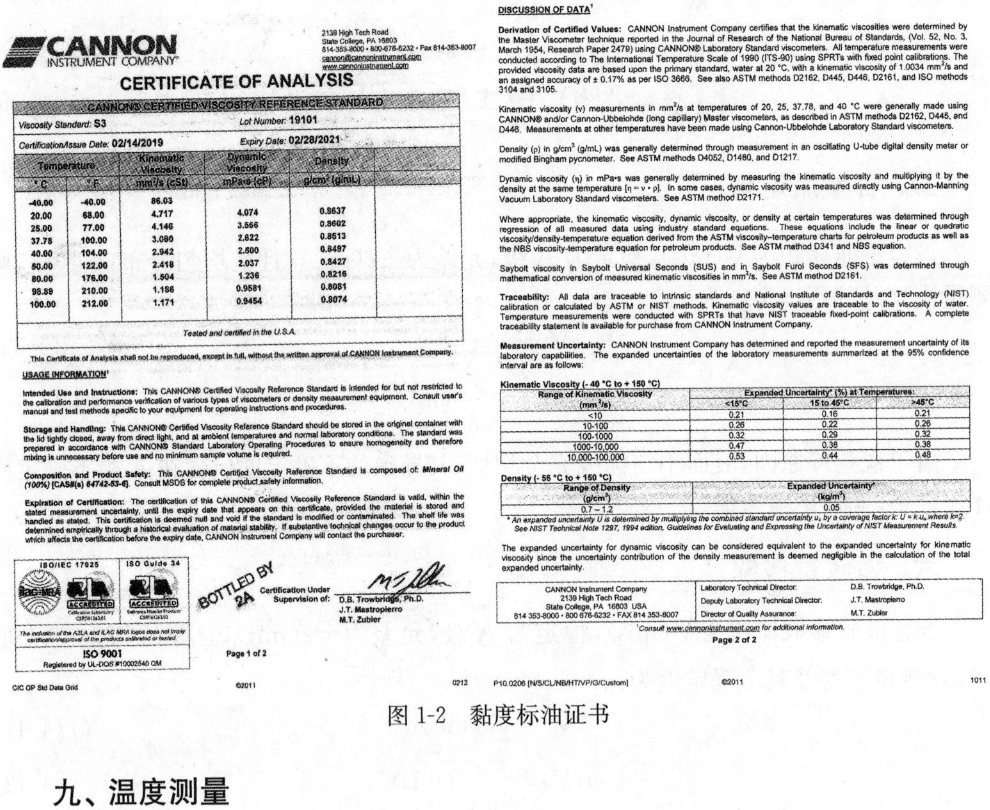

CANNON INSTRUMENT COMPANY®

2139 High Tech Road
State College, PA 16803
814-353-8000 • 800-676-6232 • Fax 814-353-8007
cannon@cannoninstrument.com
www.cannoninstrument.com

CERTIFICATE OF ANALYSIS

CANNON® CERTIFIED VISCOSITY REFERENCE STANDARD

Viscosity Standard: S3 Lot Number: 19101

Certification/Issue Date: 02/14/2019 Expiry Date: 02/28/2021

| Temperature °C | Temperature °F | Kinematic Viscosity mm²/s (cSt) | Dynamic Viscosity mPa·s (cP) | Density g/cm³ (g/mL) |
|---|---|---|---|---|
| -40.00 | -40.00 | 86.03 | | |
| 20.00 | 68.00 | 4.717 | 4.074 | 0.8637 |
| 25.00 | 77.00 | 4.146 | 3.566 | 0.8602 |
| 37.78 | 100.00 | 3.080 | 2.622 | 0.8513 |
| 40.00 | 104.00 | 2.942 | 2.500 | 0.8497 |
| 50.00 | 122.00 | 2.418 | 2.037 | 0.8427 |
| 80.00 | 176.00 | 1.504 | 1.236 | 0.8216 |
| 98.89 | 210.00 | 1.186 | 0.9581 | 0.8081 |
| 100.00 | 212.00 | 1.171 | 0.9454 | 0.8074 |

Tested and certified in the U.S.A.

This Certificate of Analysis shall not be reproduced, except in full, without the written approval of CANNON Instrument Company.

USAGE INFORMATION[1]

**Intended Use and Instructions:** This CANNON® Certified Viscosity Reference Standard is intended for but not restricted to the calibration and performance verification of various types of viscometers or density measurement equipment. Consult user's manual and test methods specific to your equipment for operating instructions and procedures.

**Storage and Handling:** This CANNON® Certified Viscosity Reference Standard should be stored in the original container with the lid tightly closed, away from direct light, and at ambient temperatures and normal laboratory conditions. The standard was prepared in accordance with CANNON® Standard Laboratory Operating Procedures to ensure homogeneity and therefore mixing is unnecessary before use and no minimum sample volume is required.

**Composition and Product Safety:** This CANNON® Certified Viscosity Reference Standard is composed of: ***Mineral Oil (100%)*** [**CAS#(s) *64742-53-6***]. Consult MSDS for complete product safety information.

**Expiration of Certification:** The certification of this CANNON® Certified Viscosity Reference Standard is valid, within the stated measurement uncertainty, until the expiry date that appears on this certificate, provided the material is stored and handled as stated. This certification is deemed null and void if the standard is modified or contaminated. The shelf life was determined empirically through a historical evaluation of material stability. If substantive technical changes occur to the product which affects the certification before the expiry date, CANNON Instrument Company will contact the purchaser.

ISO/IEC 17025 ISO Guide 34 ACCREDITED ACCREDITED

The inclusion of the A2LA and ILAC MRA logos does not imply certification/approval of the products calibrated or tested.

ISO 9001
Registered by UL-DQS #10002540 QM

BOTTLED BY 2A

Certification Under Supervision of: D.B. Trowbridge, Ph.D.
J.T. Mastropierro
M.T. Zubler

Page 1 of 2

CIC GP Std Data Grid ©2011 0212

DISCUSSION OF DATA[1]

**Derivation of Certified Values:** CANNON Instrument Company certifies that the kinematic viscosities were determined by the Master Viscometer technique reported in the Journal of Research of the National Bureau of Standards, (Vol. 52, No. 3, March 1954, Research Paper 2479) using CANNON® Laboratory Standard viscometers. All temperature measurements were conducted according to The International Temperature Scale of 1990 (ITS-90) using SPRTs with fixed point calibrations. The provided viscosity data are based upon the primary standard, water at 20 °C, with a kinematic viscosity of 1.0034 mm²/s and an assigned accuracy of ± 0.17% as per ISO 3666. See also ASTM methods D2162, D445, D446, D2161, and ISO methods 3104 and 3105.

Kinematic viscosity (ν) measurements in mm²/s at temperatures of 20, 25, 37.78, and 40 °C were generally made using CANNON® and/or Cannon-Ubbelohde (long capillary) Master viscometers, as described in ASTM methods D2162, D445, and D446. Measurements at other temperatures have been made using Cannon-Ubbelohde Laboratory Standard viscometers.

Density (ρ) in g/cm³ (g/mL) was generally determined through measurement in an oscillating U-tube digital density meter or modified Bingham pycnometer. See ASTM methods D4052, D1480, and D1217.

Dynamic viscosity (η) in mPa•s was generally determined by measuring the kinematic viscosity and multiplying it by the density at the same temperature [η = ν • ρ]. In some cases, dynamic viscosity was measured directly using Cannon-Manning Vacuum Laboratory Standard viscometers. See ASTM method D2171.

Where appropriate, the kinematic viscosity, dynamic viscosity, or density at certain temperatures was determined through regression of all measured data using industry standard equations. These equations include the linear or quadratic viscosity/density-temperature equation derived from the ASTM viscosity–temperature charts for petroleum products as well as the NBS viscosity-temperature equation for petroleum products. See ASTM method D341 and NBS equation.

Saybolt viscosity in Saybolt Universal Seconds (SUS) and in Saybolt Furol Seconds (SFS) was determined through mathematical conversion of measured kinematic viscosities in mm²/s. See ASTM method D2161.

**Traceability:** All data are traceable to intrinsic standards and National Institute of Standards and Technology (NIST) calibration or calculated by ASTM or NIST methods. Kinematic viscosity values are traceable to the viscosity of water. Temperature measurements were conducted with SPRTs that have NIST traceable fixed-point calibrations. A complete traceability statement is available for purchase from CANNON Instrument Company.

**Measurement Uncertainty:** CANNON Instrument Company has determined and reported the measurement uncertainty of its laboratory capabilities. The expanded uncertainties of the laboratory measurements summarized at the 95% confidence interval are as follows:

**Kinematic Viscosity (- 40 °C to + 150 °C)**

| Range of Kinematic Viscosity (mm²/s) | Expanded Uncertainty* (%) at Temperatures: <15°C | 15 to 45°C | >45°C |
|---|---|---|---|
| <10 | 0.21 | 0.16 | 0.21 |
| 10-100 | 0.26 | 0.22 | 0.26 |
| 100-1000 | 0.32 | 0.29 | 0.32 |
| 1000-10,000 | 0.47 | 0.38 | 0.38 |
| 10,000-100,000 | 0.53 | 0.44 | 0.48 |

**Density (- 56 °C to + 150 °C)**

| Range of Density (g/cm³) | Expanded Uncertainty* (kg/m³) |
|---|---|
| 0.7 – 1.2 | 0.05 |

* *An expanded uncertainty U is determined by multiplying the combined standard uncertainty $u_c$ by a coverage factor k: U = k·$u_c$ where k=2. See NIST Technical Note 1297, 1994 edition, Guidelines for Evaluating and Expressing the Uncertainty of NIST Measurement Results.*

The expanded uncertainty for dynamic viscosity can be considered equivalent to the expanded uncertainty for kinematic viscosity since the uncertainty contribution of the density measurement is deemed negligible in the calculation of the total expanded uncertainty.

| CANNON Instrument Company<br>2139 High Tech Road<br>State College, PA 16803 USA<br>814 353-8000 • 800 676-6232 • FAX 814 353-8007 | Laboratory Technical Director: | D.B. Trowbridge, Ph.D. |
|---|---|---|
| | Deputy Laboratory Technical Director: | J.T. Mastropierro |
| | Director of Quality Assurance: | M.T. Zubler |

[1]Consult www.cannoninstrument.com for additional information.

Page 2 of 2

P10.0206 [N/S/CL/NB/HT/VP/G/Custom] ©2011 1011

图 1-2 黏度标油证书

## 九、温度测量

温度测量值的不确定度由温度检定或校准证书给出，如图 1-3 所示。

**校准结果**

| 浸没方式 | 局浸 |
|---|---|
| 温度点（℃） | 修正值（℃） |
| 100 | -0.58 |
| 200 | -1.43 |
| 300 | -0.67 |

校准结果的扩展不确定度：$U=1.50℃$，$k=2$

图 1-3 温度校准证书

## 十、标准溶液的不确定度

### 1. 标准溶液配制——质量比稀释

按质量比稀释，称量浓度 $C_0$ 的标准溶液 $m_0$(g)，加入溶剂至 $m_1$(g)。稀释过程温度为 20 ℃，温度变化小于 2 ℃。

测量模型为：

$$C_1 = C_0 \frac{m_0 - E}{m_1 - E} \tag{1-45}$$

式中　$E$——每次称量前天平调零，0.000 0 g；

$\quad\quad C_0$——稀释前浓度（质量比），mg/kg；

$\quad\quad C_1$——稀释后浓度（质量比），mg/kg。

温度变化会导致空气浮力变化，从而导致 2 次称量变化，因此严格的称量应记录每次温度并予以浮力校正，其值很小，可以并入最终测量结果的 A 类评定，此时无须单独评定。不确定度 B 类分量包括标准溶液浓度的不确定度、2 次称量的不确定度。

标准溶液浓度的标准不确定度参考标准物质证书，$k$ 取 2。

$$u(C_0) = \frac{U}{k} \tag{1-46}$$

式中　$U$——扩展不确定度。

称量的不确定度参考检定或校准证书，包含两部分，即最大称量偏差 $MPE$ 和示值分度 $d$。前者为矩形分布，$k$ 取 $\sqrt{3}$；后者为均匀分布，$k$ 取 $\sqrt{3}$。$e$ 和 $d$ 没有相关性。每次称量结果都需要减去零值。

$$u_0 = \sqrt{2} \cdot \sqrt{\left(\frac{MPE}{\sqrt{3}}\right)^2 + \left(\frac{d/2}{\sqrt{3}}\right)^2} \tag{1-47}$$

第二次称量和第一次称量如果不在同一个量程范围，则根据检定或校准证书引用新的 $e$ 和 $d$；如果在同一个量程范围，则二者的不确定度相同。

不确定度 B 类分量合成为：

$$u_B^2(C_1) = \left[\frac{m_0}{m_1}u(C_0)\right]^2 + \left(\frac{C_0}{m_1}u_0\right)^2 + \left(\frac{C_0 m_0}{-m_1^2}u_1\right)^2 \tag{1-48}$$

$$u_1 = u_0$$

式中 $u_0$——调整零值时天平的不确定度;

$u_1$——第一次称量时天平的不确定度。

稀释后浓度为 $C_1$,则标准不确定度为:

$$u = u_B(C_1)$$

**2. 标准溶液配制——容量比稀释**

按容量比稀释,量取浓度 $C_0$ 的标准溶液 $V_0$(mL),加入溶剂定容至 $V_1$(mL)。稀释过程温度为 20 ℃,温度变化小于 2 ℃。

测量模型为:

$$C_1 = C_0 \frac{V_0}{V_1} \tag{1-49}$$

式中 $C_0$——稀释前质量浓度,mg/L;

$C_1$——稀释后质量浓度,mg/L。

温度变化导致标准油样和溶剂密度发生变化会产生不确定度,量取和定容时观察液面对准刻线存在的偏差会产生不确定度,它们可以并入最终测量结果的 A 类评定,此时不需要单独评定。不确定度 B 类分量包括标准溶液浓度的不确定度、2 次容积的不确定度。

标准溶液浓度的标准不确定度参考标准物质证书,$k$ 取 2。

$$u(C_0) = \frac{U}{k} \tag{1-50}$$

容积的不确定度参考检定或校准证书,按照《常用玻璃量器》(JJG 196—2006)的规定,以所用量器的最大容量允差 $e$ 计算标准不确定度,允差引起的不确定度呈均匀分布,$k$ 取 $\sqrt{3}$。

$$u_0 = \sqrt{\left(\frac{e_0}{\sqrt{3}}\right)^2} \tag{1-51a}$$

$$u_1 = \sqrt{\left(\frac{e_1}{\sqrt{3}}\right)^2} \tag{1-51b}$$

不确定度 B 类分量合成为:

$$u_B^2(C_1) = \left[\frac{V_0}{V_1}u(C_0)\right]^2 + \left(\frac{C_0}{V_1}u_0\right)^2 + \left(\frac{C_0 V_0}{-V_1^2}u_1\right)^2 \tag{1-52}$$

稀释后浓度为 $C_1$,则标准不确定度为:

$$u = u_B(C_1)$$

**3. 标准滴定溶液温度校正时的不确定度**

对体积进行温度校正是实验准确性的要求。在温度 $T_1$ 配制或标定的标准滴定溶液,校正到 20 ℃时浓度为 $C_1$,使用时温度为 $T_2$,此时应将实验观测体积校正到

20 ℃。温度变化导致的不确定度在 A 类不确定度分量中体现,评定时要注意不要把体积校正值本身当作不确定度分量。如果不做校正,则会导致结果偏差增大。对用于光谱、比色等分析的微量浓度的标准溶液,一般不需要进行体积校正。评定时,可只考虑标准溶液的膨胀,因为玻璃容器的膨胀远小于标准溶液,可以忽略。具体分为以下两种情况:

(1) 按《标准滴定溶液的制备》(GB/T 602—2016)校正。

《标准滴定溶液的制备》附录 A 中提供的校正因子为 $k$,将 $T_2$ 温度下的观测体积校正至 20 ℃ 得到的体积为:

$$V_{cal,20} = V_{obs,T2} + (k_{T2} - k_{20})V_{obs,T2} = V_{obs,T2}[1 + (k_{T2} - k_{20})] \quad (1-53)$$

式中　$V_{cal,20}$——校正至 20 ℃ 的体积,mL;

　　$V_{obs,T2}$——$T_2$ 温度下观测的体积,mL;

　　$k$——《标准滴定溶液的制备》附录 A 中提供的校正因子,mL/1 000 mL。

根据《标准滴定溶液的制备》附录 A 中提供的校正因子 $k$,$1 + (k_{T2} - k_{20})$ 近似为 1。$k$ 的不确定度没有提供,因为它是实测值,所以可以把最后一位作为"精度",认为是"分度值",为 0.000 1,则标准不确定度为 0.000 029,尽管其灵敏系数为 $V_{obs,T2}$,但仍然远小于 $V_{obs,T2}$ 本身的不确定度。由此可以认为,校正后体积的不确定度和观测体积的不确定度一致,即校正后体积发生变化,但分散性没有改变。

(2) 按体积膨胀公式校正。

设某一基准温度 $T_0$ 时的体积为 $V_0$,在 $T_1$ 时的体积为 $V_1$,在 $T_2$ 时的体积为 $V_2$,体积膨胀系数以 $\beta$ 表示,则有:

$$V_1 = V_0[1 + \beta_1(T_1 - T_0)] \quad (1-54)$$
$$V_2 = V_0[1 + \beta_2(T_2 - T_0)] \quad (1-55)$$
$$V_2 = V_1 + V_0[\beta_2(T_2 - T_0) - \beta_1(T_1 - T_0)] \quad (1-56)$$

由于体积膨胀系数的数值很小(如水在 20 ℃ 时为 $1.82 \times 10^{-4}$/℃),所以在温度变化不大的情况下,可以使用平均体积膨胀系数 $\beta$,略去 $V_0$,则上式近似改写为:

$$V_2 = V_1 + V_1\beta(T_2 - T_1) = V_1[1 + \beta(T_2 - T_1)] \quad (1-57)$$

平均体积膨胀系数 $\beta$ 值可通过密度 $\rho$ 求得,见式(1-58)。注意,式(1-58)中的"1"为与密度量纲一致的单位质量。

$$\beta = \frac{\Delta V}{T_2 - T_1} = \frac{\frac{1}{\rho_2} - \frac{1}{\rho_1}}{T_2 - T_1} \quad (1-58)$$

当 $\beta(T_2 - T_1)$ 远小于 1 时,其对不确定度的贡献可以忽略,由此可以认为,校正后体积的不确定度和观测体积的不确定度一致,即校正后体积发生变化,但分散性没有改变。

## 十一、内插法

内插法是在检测中经常用到的定量方法,如辛烷值、十六烷值的测量。内插法的本质就是样品的测量信号位于上下标准之间,并以"相似三角形"原理计算,如图 1-4 所示。

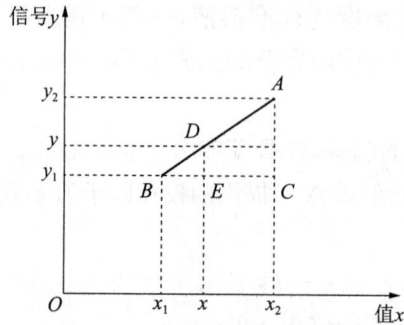

图 1-4　内插法计算示意图

已知 $y$、$(x_1, y_1)$、$(x_2, y_2)$,求 $x$。

$\triangle BED$ 与 $\triangle ABC$ 相似,则:

$$\frac{BE}{BC} = \frac{DE}{AC}$$

$$\frac{x - x_1}{x_2 - x_1} = \frac{y - y_1}{y_2 - y_1}$$

$$x = \frac{y - y_1}{y_2 - y_1}(x_2 - x_1) + x_1 = \frac{y - y_1}{y_2 - y_1}x_2 - \frac{y - y_1}{y_2 - y_1}x_1 + x_1$$

$$= \frac{y - y_1}{y_2 - y_1}x_2 - \frac{y - y_1 - y_2 + y_1}{y_2 - y_1}x_1$$

$$= \frac{y - y_1}{y_2 - y_1}x_2 - \frac{y - y_2}{y_2 - y_1}x_1 = ax_2 - bx_1$$

式中,$y$、$y_1$、$y_2$ 是仪器设备信号值,其不确定度主要来源于仪器设备的读数偏差和/或最大允许偏差,或由校准证书、检定证书获得,设为 $u(y)$。

灵敏系数为:

$$\frac{\partial a}{\partial y} = \frac{1}{y_2 - y_1}$$

$$\frac{\partial a}{\partial y_1} = \frac{-1}{y_2 - y_1} - \frac{(y - y_1)(-1)}{(y_2 - y_1)^2} = \frac{y_1 - y_2 + y - y_1}{(y_2 - y_1)^2} = \frac{y - y_2}{(y_2 - y_1)^2}$$

$$\frac{\partial a}{\partial y_2} = -\frac{y - y_1}{(y_2 - y_1)^2}$$

$$\frac{\partial b}{\partial y} = \frac{1}{y_2 - y_1}$$

$$\frac{\partial b}{\partial y_1} = -\frac{-1 \times (y - y_2)}{(y_2 - y_1)^2}$$

$$\frac{\partial b}{\partial y_2} = \frac{-1}{y_2 - y_1} - \frac{y - y_2}{(y_2 - y_1)^2} = \frac{y_1 - y_2 - y + y_2}{(y_2 - y_1)^2} = \frac{y_1 - y}{(y_2 - y_1)^2}$$

不确定度为:

$$[u(a)]^2 = [u(y)]^2 \left[ \left( \frac{\partial a}{\partial y} \right)^2 + \left( \frac{\partial a}{\partial y_1} \right)^2 + \left( \frac{\partial a}{\partial y_2} \right)^2 \right] \tag{1-59}$$

$$[u(b)]^2 = [u(y)]^2 \left[ \left( \frac{\partial b}{\partial y} \right)^2 + \left( \frac{\partial b}{\partial y_1} \right)^2 + \left( \frac{\partial b}{\partial y_2} \right)^2 \right] \tag{1-60}$$

合成不确定度为:

$$[u(x)]^2 = x_2^2[u(a)]^2 + a^2[u(x_2)]^2 + x_1^2[u(b)]^2 + b^2[u(x_1)]^2 \tag{1-61}$$

其中,$u(x_1)$、$u(x_2)$由标准物质证书获得,如果经过稀释,则按标准溶液稀释方式评定。

## 十二、校正因子

校正因子是测量中经常用到的一个量。校正因子的使用是整个检测工作的重要一环。根据校正因子的使用情况,一般分为三类:

(1) 校正因子和测量值相乘得到结果,如黏度管常数;

(2) 校正因子和测量值相加得到结果或修正后的量,如温度和体积校正值;

(3) 对测量结果乘以校正因子得到修正后的结果作为最终结果,如回收率校正。

校正因子的不确定度根据校正因子的来源予以评定。通过检定和校准得到的校正因子的不确定度可直接从检定和校准证书获得(见图 1-5)。

### 校 准 结 果

Calibration Results

| 内径 /mm | 出厂编号 | 时间重复性 /% | 常数复现性 /% | 黏度计常数 /(mm²·s⁻¹) | 常数不确定度 k=2 |
|---|---|---|---|---|---|
| 0.8 | 1 | 0.1 | 0.1 | 0.025 04 | $U_r$=0.48% |
| 1.0 | 778 | 0.1 | 0.1 | 0.054 60 | $U_r$=0.49% |
| 1.2 | 130 | 0.1 | 0.1 | 0.141 4 | $U_r$=0.50% |
| 1.5 | 62 | 0.1 | 0.1 | 0.374 8 | $U_r$=0.50% |
| 2.0 | — | 0.1 | 0.1 | 1.378 | $U_r$=0.52% |

图 1-5　黏度计校准证书

通过实验获得的校正因子的不确定度要通过具体的实验步骤评定。

有些自动化程度较高的仪器可自动计算校正因子,但不能调出具体的计算过程,无法对校正因子导致的 B 类不确定度分量进行计算,这种情况下可以只分析 A 类不确定度。

应当注意的是,校正因子的不确定度通过含有校正因子的函数模型传递到结果,校正值只是对结果的修正,修正值本身不是不确定度。一般情况下,校正因子的不确定度可忽略。

模型一：

$$y = fA \tag{1-62}$$

式中  $A$——测量值（如黏度测量中的时间）；

$f$——校正因子（如黏度管常数）。

$$[u(y)]^2 = A^2[u(f)]^2 + f^2[u(A)]^2 \tag{1-63}$$

模型二：

$$y = A + \delta \tag{1-64}$$

$$[u(y)]^2 = [u(A)]^2 + [u(\delta)]^2 \tag{1-65}$$

式中  $\delta$——修正值。

如果 $A$ 和 $\delta$ 都跟同一个测量过程有关，如 $A = F(a,b)$，$\delta = G(b,c)$，则 $y = A + \delta = F(a,b) + G(b,c)$，$A$ 和 $\delta$ 相关。为了消除相关性，可改写为：

$$y = H(a,b,c) \tag{1-66}$$

则有：

$$[u(y)]^2 = \left(\frac{\partial H}{\partial a}\right)^2[u(a)]^2 + \left(\frac{\partial H}{\partial b}\right)^2[u(b)]^2 + \left(\frac{\partial H}{\partial c}\right)^2[u(c)]^2 \tag{1-67}$$

模型三：

$$y' = fy \tag{1-68}$$

式中  $y'$——校正后的结果；

$y$——校正前的结果。

$$[u(y')]^2 = y^2[u(f)]^2 + f^2[u(y)]^2 \tag{1-69}$$

这种情况一般用于回收率校正，如《醌茜的测定  萃取分光光度法》（SN/T 1788—2006）就规定用回收率校正结果，回收率校正因子 $f$ 一般和 $y$ 用相同的程序经多次测量而得，其不确定度明显小于 $y$ 的不确定度，基本可以忽略。

## 十三、取样精密度

以成品油为例进行介绍。

对一批散装的成品油进行检验，整个过程可分为 3 部分，即取样（sampling）、制样（preparation）和检测（determination）。由于成品油内各组分的相容性很好，制样过程中只需要简单的摇匀即可，制样的精密度（制样偏差）可以忽略不计，因此一批散装的成品油检测结果的不确定度包括取样和检测两部分分量。

成品油取样按照《石油液体手工取样法》（GB/T 4756—2015）进行，但该标准没有规定也没有更为经典的取样方法可以参照比对，因此忽略取样偏差。

### 1. 取样方案

选取市场上销售份额最大的车用汽油（ⅥA），以加油站油罐为取样对象，用加油枪取样。从 7 个加油站 18 个罐的加油机里取样 36 个，其中 92 号汽油样品 7 对、95 号汽油样品 6 对、98 号汽油样品 5 对。

取样步骤如下:按照GB/T 4756—2015的规定,取样前从计划取样的加油机里放出至少4 L油品,之后取样2 L,标记为A样;再次放出4 L油品,之后再取样2 L,标记为B样。每个加油机取出A样和B样的汇总见表1-7。

表1-7　样品汇总表

| 加油站编号 | 样品规格 | 样品对编号 | 样品标记 |
|---|---|---|---|
| 150 | 92# ⅥA | 150-92A,150-92B | A1、B1 |
| | 95# ⅥA | 150-95A,150-95B | A2、B2 |
| | 98# ⅥA | 150-98A,150-98B | A3、B3 |
| 151 | 92# ⅥA | 151-92A,151-92B | A4、B4 |
| | 95# ⅥA | 151-95A,151-95B | A5、B5 |
| | 98# ⅥA | 151-98A,151-98B | A6、B6 |
| 152 | 92# ⅥA | 152-92A,152-92B | A7、B7 |
| 153 | 92# ⅥA | 153-92A,153-92B | A8、B8 |
| | 95# ⅥA | 153-95A,153-95B | A9、B9 |
| | 98# ⅥA | 153-98A,153-98B | A10、B10 |
| 155 | 92# ⅥA | 155-92A,155-92B | A11、B11 |
| | 95# ⅥA | 155-95A,155-95B | A12、B12 |
| | 98# ⅥA | 155-98A,155-98B | A13、B13 |
| 156 | 92# ⅥA | 156-92A,156-92B | A14、B14 |
| | 95# ⅥA | 156-95A,156-95B | A15、B15 |
| | 98# ⅥA | 156-98A,156-98B | A16、B16 |
| 157 | 92# ⅥA | 157-92A,157-92B | A17、B17 |
| | 95# ⅥA | 157-95A,157-95B | A18、B18 |

**2. 检测方案**

每个样品按相应检测标准测定2次,全部72次检测按随机次序进行,取样精密度计算见表1-8~表1-12。

表1-8　汽油取样精密度(以烯烃含量表示)　　　　　　　　　　单位:%(体积分数)

| 样品标记 | 检测结果1($x_1$) | 检测结果2($x_2$) | 平均值$\bar{x}_i$ | 差值$R_{Ai}$或$R_{Bi}$ | 差值$R_i$ |
|---|---|---|---|---|---|
| A1 | 16.40 | 16.41 | 16.405 | 0.01 | 0.010 |
| B1 | 16.40 | 16.39 | 16.395 | 0.01 | |
| A2 | 16.42 | 16.43 | 16.425 | 0.01 | 0.265 |
| B2 | 16.18 | 16.14 | 16.160 | 0.04 | |
| A3 | 13.40 | 13.40 | 13.400 | 0.00 | 0.085 |
| B3 | 13.48 | 13.49 | 13.485 | 0.01 | |

续表

| 样品标记 | 检测结果1($x_1$) | 检测结果2($x_2$) | 平均值$\overline{x_i}$ | 差值$R_{Ai}$或$R_{Bi}$ | 差值$R_i$ |
|---|---|---|---|---|---|
| A4 | 14.65 | 14.65 | 14.650 | 0.00 | 0.110 |
| B4 | 14.67 | 14.85 | 14.760 | 0.18 | |
| A5 | 16.62 | 16.63 | 16.625 | 0.01 | 0.325 |
| B5 | 16.34 | 16.26 | 16.300 | 0.08 | |
| A6 | 16.33 | 16.54 | 16.435 | 0.21 | 0.350 |
| B6 | 16.78 | 16.79 | 16.785 | 0.01 | |
| A7 | 9.49 | 9.53 | 9.510 | 0.04 | 0.100 |
| B7 | 9.60 | 9.62 | 9.610 | 0.02 | |
| A8 | 14.00 | 14.02 | 14.010 | 0.02 | 0.910 |
| B8 | 13.10 | 13.10 | 13.100 | 0.00 | |
| A9 | 16.67 | 16.50 | 16.585 | 0.17 | 0.015 |
| B9 | 16.56 | 16.58 | 16.570 | 0.02 | |
| A10 | 9.94 | 9.94 | 9.940 | 0.00 | 0.130 |
| B10 | 9.81 | 9.81 | 9.810 | 0.00 | |
| A11 | 14.93 | 14.96 | 14.945 | 0.03 | 0.120 |
| B11 | 14.90 | 14.75 | 14.825 | 0.15 | |
| A12 | 13.65 | 13.63 | 13.640 | 0.02 | 0.055 |
| B12 | 13.57 | 13.60 | 13.585 | 0.03 | |
| A13 | 13.06 | 13.09 | 13.075 | 0.03 | 0.210 |
| B13 | 13.28 | 13.29 | 13.285 | 0.01 | |
| A14 | 12.82 | 12.81 | 12.815 | 0.01 | 0.205 |
| B14 | 12.62 | 12.60 | 12.610 | 0.02 | |
| A15 | 16.16 | 16.15 | 16.155 | 0.01 | 0.025 |
| B15 | 16.17 | 16.19 | 16.180 | 0.02 | |
| A16 | 13.75 | 13.76 | 13.755 | 0.01 | 0.040 |
| B16 | 13.73 | 13.70 | 13.715 | 0.03 | |
| A17 | 13.50 | 13.54 | 13.520 | 0.04 | 0.280 |
| B17 | 13.74 | 13.86 | 13.800 | 0.12 | |
| A18 | 16.72 | 16.60 | 16.660 | 0.12 | 0.030 |
| B18 | 16.65 | 16.61 | 16.630 | 0.04 | |
| $n$ | — | — | — | 18 | — |

续表

| 样品标记 | 检测结果 $1(x_1)$ | 检测结果 $2(x_2)$ | 平均值 $\overline{x_i}$ | 差值 $R_{Ai}$ 或 $R_{Bi}$ | 差值 $R_i$ |
|---|---|---|---|---|---|
| $R_1$ | — | — | — | 0.021 2 | — |
| $R_2$ | — | — | — | 0.181 4 | — |
| 取样、检测总标准偏差 | — | — | — | 0.025 9 | — |
| 检测标准偏差 | — | — | — | 0.000 4 | — |
| 取样标准偏差 | — | — | — | 0.025 8 | — |
| 取样不确定度 | — | — | — | 0.16 | — |

表 1-8 中的计算公式如下：

$$R_{Ai} = |x_{Ai1} - x_{Ai2}| \tag{1-70}$$

$$R_{Bi} = |x_{Bi1} - x_{Bi2}| \tag{1-71}$$

$$\overline{x_{Ai}} = \frac{x_{Ai1} + x_{Ai2}}{2} \tag{1-72}$$

$$\overline{x_{Bi}} = \frac{x_{Bi1} + x_{Bi2}}{2} \tag{1-73}$$

$$R_i = |\overline{x_{Ai}} - \overline{x_{Bi}}| \tag{1-74}$$

$$R_1 = \frac{\sum (R_{Ai} + R_{Bi})}{4n} \tag{1-75}$$

$$R_2 = \frac{\sum R_i}{n} \tag{1-76}$$

因为制样过程中仅仅需要摇匀且各组分相容性非常好，所以可忽略制样标准偏差（即样品摇匀后忽略样品内部的不均匀性）。

取样、检测总标准偏差为：

$$s^2(SPM) = \left(\frac{R_2}{1.128}\right)^2 \tag{1-77}$$

检测标准偏差为：

$$s^2(M) = \left(\frac{R_1}{1.128}\right)^2 \tag{1-78}$$

取样标准偏差为：

$$s^2(S) = \left(\frac{R_2}{1.128}\right)^2 - \frac{s^2(M)}{4} \tag{1-79}$$

取样不确定度为：

$$u(S) = s(S) \tag{1-80}$$

表 1-9　汽油取样精密度(以芳烃含量表示)　　　　单位:%(体积分数)

| 样品标记 | 检测结果 $1(x_1)$ | 检测结果 $2(x_2)$ | 平均值 $\overline{x_i}$ | 差值 $R_{Ai}$ 或 $R_{Bi}$ | 差值 $R_i$ |
|---|---|---|---|---|---|
| A1 | 34.12 | 34.07 | 34.095 | 0.05 | |
| B1 | 34.49 | 34.62 | 34.555 | 0.13 | 0.460 |
| A2 | 34.20 | 34.23 | 34.215 | 0.03 | |
| B2 | 34.27 | 34.32 | 34.295 | 0.05 | 0.080 |
| A3 | 32.15 | 32.17 | 32.160 | 0.02 | |
| B3 | 32.06 | 32.08 | 32.070 | 0.02 | 0.090 |
| A4 | 35.50 | 35.53 | 35.515 | 0.03 | |
| B4 | 35.37 | 35.82 | 35.595 | 0.45 | 0.080 |
| A5 | 34.28 | 34.25 | 34.265 | 0.03 | |
| B5 | 34.06 | 33.87 | 33.965 | 0.19 | 0.300 |
| A6 | 34.00 | 34.27 | 34.135 | 0.27 | |
| B6 | 34.29 | 34.35 | 34.320 | 0.06 | 0.185 |
| A7 | 34.21 | 34.30 | 34.255 | 0.09 | |
| B7 | 34.29 | 34.30 | 34.295 | 0.01 | 0.040 |
| A8 | 32.16 | 32.20 | 32.180 | 0.04 | |
| B8 | 32.15 | 32.14 | 32.145 | 0.01 | 0.035 |
| A9 | 34.14 | 33.88 | 34.010 | 0.26 | |
| B9 | 34.13 | 34.08 | 34.105 | 0.05 | 0.095 |
| A10 | 34.47 | 34.48 | 34.475 | 0.01 | |
| B10 | 34.39 | 34.43 | 34.410 | 0.04 | 0.065 |
| A11 | 35.03 | 35.05 | 35.040 | 0.02 | |
| B11 | 35.39 | 35.05 | 35.220 | 0.34 | 0.180 |
| A12 | 31.94 | 32.05 | 31.995 | 0.11 | |
| B12 | 32.03 | 32.08 | 32.055 | 0.05 | 0.060 |
| A13 | 36.34 | 36.37 | 36.355 | 0.03 | |
| B13 | 36.42 | 36.56 | 36.490 | 0.14 | 0.135 |
| A14 | 36.62 | 36.72 | 36.670 | 0.10 | |
| B14 | 36.65 | 36.64 | 36.645 | 0.01 | 0.025 |
| A15 | 33.69 | 33.72 | 33.705 | 0.03 | |
| B15 | 33.67 | 33.78 | 33.725 | 0.11 | 0.020 |

续表

| 样品标记 | 检测结果1($x_1$) | 检测结果2($x_2$) | 平均值$\overline{x_i}$ | 差值$R_{Ai}$或$R_{Bi}$ | 差值$R_i$ |
|---|---|---|---|---|---|
| A16 | 35.81 | 35.75 | 35.780 | 0.06 | 0.100 |
| B16 | 35.62 | 35.74 | 35.680 | 0.12 | |
| A17 | 35.27 | 35.39 | 35.330 | 0.12 | 0.315 |
| B17 | 35.59 | 35.70 | 35.645 | 0.11 | |
| A18 | 33.24 | 32.99 | 33.115 | 0.25 | 0.045 |
| B18 | 33.06 | 33.08 | 33.070 | 0.02 | |
| $n$ | — | — | — | 18 | — |
| $R_1$ | — | — | — | 0.048 1 | — |
| $R_2$ | — | — | — | 0.128 3 | — |
| 取样、检测总标准偏差 | — | — | — | 0.012 9 | — |
| 检测标准偏差 | — | — | — | 0.001 8 | — |
| 取样标准偏差 | — | — | — | 0.012 5 | — |
| 取样不确定度 | — | — | — | 0.11 | — |

**表1-10　汽油取样精密度(以硫含量表示)**　　　　　　　单位:mg/kg

| 样品标记 | 检测结果1($x_1$) | 检测结果2($x_2$) | 平均值$\overline{x_i}$ | 差值$R_{Ai}$或$R_{Bi}$ | 差值$R_i$ |
|---|---|---|---|---|---|
| A1 | 3.01 | 3.07 | 3.040 | 0.06 | 0.130 |
| B1 | 3.19 | 3.15 | 3.170 | 0.04 | |
| A2 | 2.90 | 2.92 | 2.910 | 0.02 | 0.250 |
| B2 | 3.12 | 3.20 | 3.160 | 0.08 | |
| A3 | 3.14 | 3.07 | 3.105 | 0.07 | 0.135 |
| B3 | 2.94 | 3.00 | 2.970 | 0.06 | |
| A4 | 3.51 | 3.39 | 3.450 | 0.12 | 0.095 |
| B4 | 3.53 | 3.18 | 3.355 | 0.35 | |
| A5 | 2.64 | 2.75 | 2.695 | 0.11 | 0.215 |
| B5 | 2.83 | 2.99 | 2.910 | 0.16 | |
| A6 | 2.72 | 2.52 | 2.620 | 0.20 | 0.230 |
| B6 | 2.44 | 2.34 | 2.390 | 0.10 | |
| A7 | 2.94 | 2.99 | 2.965 | 0.05 | 0.025 |
| B7 | 2.76 | 3.12 | 2.940 | 0.36 | |

| 样品标记 | 检测结果 1($x_1$) | 检测结果 2($x_2$) | 平均值$\overline{x_i}$ | 差值 $R_{Ai}$或$R_{Bi}$ | 差值 $R_i$ |
|---|---|---|---|---|---|
| A8 | 2.95 | 2.94 | 2.945 | 0.01 | 0.240 |
| B8 | 2.83 | 2.58 | 2.705 | 0.25 | |
| A9 | 2.69 | 2.90 | 2.795 | 0.21 | 0.085 |
| B9 | 2.82 | 2.60 | 2.710 | 0.22 | |
| A10 | 2.35 | 2.13 | 2.240 | 0.22 | 0.365 |
| B10 | 2.54 | 2.67 | 2.605 | 0.13 | |
| A11 | 2.99 | 3.09 | 3.040 | 0.10 | 0.270 |
| B11 | 3.24 | 3.38 | 3.310 | 0.14 | |
| A12 | 3.08 | 2.78 | 2.930 | 0.30 | 0.025 |
| B12 | 3.13 | 2.78 | 2.955 | 0.35 | |
| A13 | 1.96 | 1.82 | 1.890 | 0.14 | 0.110 |
| B13 | 1.68 | 1.88 | 1.780 | 0.20 | |
| A14 | 2.46 | 2.72 | 2.590 | 0.26 | 0.035 |
| B14 | 2.67 | 2.44 | 2.555 | 0.23 | |
| A15 | 3.38 | 3.29 | 3.335 | 0.09 | 0.180 |
| B15 | 3.31 | 3.00 | 3.155 | 0.31 | |
| A16 | 2.54 | 2.79 | 2.665 | 0.25 | 0.035 |
| B16 | 2.60 | 2.66 | 2.630 | 0.06 | |
| A17 | 2.64 | 2.80 | 2.720 | 0.16 | 0.195 |
| B17 | 2.44 | 2.61 | 2.525 | 0.17 | |
| A18 | 2.77 | 2.45 | 2.610 | 0.32 | 0.110 |
| B18 | 2.69 | 2.75 | 2.720 | 0.06 | |
| $n$ | — | — | — | 18 | — |
| $R_1$ | — | — | — | 0.082 8 | — |
| $R_2$ | — | — | — | 0.151 7 | — |
| 取样检测、总标准偏差 | — | — | — | 0.018 1 | — |
| 检测标准偏差 | — | — | — | 0.005 4 | — |
| 取样标准偏差 | — | — | — | 0.016 7 | — |
| 取样不确定度 | — | — | — | 0.13 | — |

表 1-11　汽油取样精密度(以苯含量表示)　　　　单位:%(体积分数)

| 样品标记 | 检测结果 1($x_1$) | 检测结果 2($x_2$) | 平均值$\overline{x_i}$ | 差值 $R_{Ai}$ 或 $R_{Bi}$ | 差值 $R_i$ |
|---|---|---|---|---|---|
| A1 | 0.413 | 0.408 | 0.410 5 | 0.005 | |
| B1 | 0.410 | 0.403 | 0.406 5 | 0.007 | 0.004 0 |
| A2 | 0.441 | 0.435 | 0.438 0 | 0.006 | |
| B2 | 0.446 | 0.435 | 0.440 5 | 0.011 | 0.002 5 |
| A3 | 0.333 | 0.329 | 0.331 0 | 0.004 | |
| B3 | 0.335 | 0.328 | 0.331 5 | 0.007 | 0.000 5 |
| A4 | 0.405 | 0.401 | 0.403 0 | 0.004 | |
| B4 | 0.405 | 0.406 | 0.405 5 | 0.001 | 0.002 5 |
| A5 | 0.445 | 0.446 | 0.445 5 | 0.001 | |
| B5 | 0.448 | 0.441 | 0.444 5 | 0.007 | 0.001 0 |
| A6 | 0.364 | 0.364 | 0.364 0 | 0.000 | |
| B6 | 0.362 | 0.363 | 0.362 5 | 0.001 | 0.001 5 |
| A7 | 0.723 | 0.717 | 0.720 0 | 0.006 | |
| B7 | 0.730 | 0.719 | 0.724 5 | 0.011 | 0.004 5 |
| A8 | 0.435 | 0.429 | 0.432 0 | 0.006 | |
| B8 | 0.436 | 0.437 | 0.436 5 | 0.001 | 0.004 5 |
| A9 | 0.475 | 0.464 | 0.469 5 | 0.011 | |
| B9 | 0.473 | 0.48 | 0.476 5 | 0.007 | 0.007 0 |
| A10 | 0.318 | 0.315 | 0.316 5 | 0.003 | |
| B10 | 0.320 | 0.323 | 0.321 5 | 0.003 | 0.005 0 |
| A11 | 0.415 | 0.409 | 0.412 0 | 0.006 | |
| B11 | 0.414 | 0.393 | 0.403 5 | 0.021 | 0.008 5 |
| A12 | 0.418 | 0.416 | 0.417 0 | 0.002 | |
| B12 | 0.418 | 0.398 | 0.408 0 | 0.020 | 0.009 0 |
| A13 | 0.448 | 0.430 | 0.439 0 | 0.018 | |
| B13 | 0.436 | 0.425 | 0.430 5 | 0.011 | 0.008 5 |
| A14 | 0.587 | 0.573 | 0.580 0 | 0.014 | |
| B14 | 0.577 | 0.614 | 0.595 5 | 0.037 | 0.015 5 |
| A15 | 0.451 | 0.440 | 0.445 5 | 0.011 | |
| B15 | 0.439 | 0.434 | 0.436 5 | 0.005 | 0.009 0 |

| 样品标记 | 检测结果 1($x_1$) | 检测结果 2($x_2$) | 平均值$\overline{x_i}$ | 差值 $R_{Ai}$ 或 $R_{Bi}$ | 差值 $R_i$ |
|---|---|---|---|---|---|
| A16 | 0.331 | 0.325 | 0.328 0 | 0.006 | |
| B16 | 0.336 | 0.331 | 0.333 5 | 0.005 | 0.005 5 |
| A17 | 0.552 | 0.528 | 0.540 0 | 0.024 | |
| B17 | 0.536 | 0.535 | 0.535 5 | 0.001 | 0.004 5 |
| A18 | 0.432 | 0.427 | 0.429 5 | 0.005 | |
| B18 | 0.437 | 0.435 | 0.436 0 | 0.002 | 0.006 5 |
| $n$ | — | — | — | 18 | — |
| $R_1$ | — | — | — | $4.027\ 8 \times 10^{-3}$ | — |
| $R_2$ | — | — | — | $5.555\ 6 \times 10^{-3}$ | — |
| 取样、检测总标准偏差 | — | — | — | $2.425\ 6 \times 10^{-5}$ | — |
| 检测标准偏差 | — | — | — | $1.274\ 9 \times 10^{-5}$ | — |
| 取样标准偏差 | — | — | — | $2.106\ 8 \times 10^{-5}$ | — |
| 取样不确定度 | — | — | — | 0.004 6 | — |

**表 1-12　汽油取样精密度(以氧含量表示)**　　　　　　　　单位:%(质量分数)

| 样品标记 | 检测结果 1($x_1$) | 检测结果 2($x_2$) | 平均值$\overline{x_i}$ | 差值 $R_{Ai}$ 或 $R_{Bi}$ | 差值 $R_i$ |
|---|---|---|---|---|---|
| A1 | 1.993 | 1.992 | 1.992 5 | 0.001 | |
| B1 | 2.026 | 1.994 | 2.010 0 | 0.032 | 0.017 5 |
| A2 | 2.358 | 2.389 | 2.373 5 | 0.031 | |
| B2 | 2.340 | 2.404 | 2.372 0 | 0.064 | 0.001 5 |
| A3 | 2.312 | 2.338 | 2.325 0 | 0.026 | |
| B3 | 2.296 | 2.326 | 2.311 0 | 0.030 | 0.014 0 |
| A4 | 2.011 | 2.019 | 2.015 0 | 0.008 | |
| B4 | 2.007 | 2.015 | 2.011 0 | 0.008 | 0.004 0 |
| A5 | 2.390 | 2.378 | 2.384 0 | 0.012 | |
| B5 | 2.383 | 2.382 | 2.382 5 | 0.001 | 0.001 5 |
| A6 | 2.351 | 2.348 | 2.349 5 | 0.003 | |
| B6 | 2.649 | 2.391 | 2.520 0 | 0.258 | 0.170 5 |
| A7 | 1.298 | 1.321 | 1.309 5 | 0.023 | |
| B7 | 1.308 | 1.326 | 1.317 0 | 0.018 | 0.007 5 |

| 样品标记 | 检测结果 1($x_1$) | 检测结果 2($x_2$) | 平均值$\overline{x_i}$ | 差值 $R_{Ai}$或$R_{Bi}$ | 差值 $R_i$ |
|---|---|---|---|---|---|
| A8 | 1.798 | 1.825 | 1.811 5 | 0.027 | |
| B8 | 1.829 | 1.790 | 1.809 5 | 0.039 | 0.002 0 |
| A9 | 2.320 | 2.405 | 2.362 5 | 0.085 | |
| B9 | 2.353 | 2.348 | 2.350 5 | 0.005 | 0.012 0 |
| A10 | 2.287 | 2.282 | 2.284 5 | 0.005 | |
| B10 | 2.284 | 2.327 | 2.305 5 | 0.043 | 0.021 0 |
| A11 | 1.951 | 2.009 | 1.980 0 | 0.058 | |
| B11 | 2.037 | 1.986 | 2.011 5 | 0.051 | 0.031 5 |
| A12 | 2.375 | 2.396 | 2.385 5 | 0.021 | |
| B12 | 2.362 | 2.348 | 2.355 0 | 0.014 | 0.030 5 |
| A13 | 2.351 | 2.448 | 2.399 5 | 0.097 | |
| B13 | 2.342 | 2.379 | 2.360 5 | 0.037 | 0.039 0 |
| A14 | 1.623 | 1.674 | 1.648 5 | 0.051 | |
| B14 | 1.648 | 1.606 | 1.627 0 | 0.042 | 0.021 5 |
| A15 | 2.352 | 2.355 | 2.353 5 | 0.003 | |
| B15 | 2.376 | 2.396 | 2.386 0 | 0.020 | 0.032 5 |
| A16 | 2.297 | 2.378 | 2.337 5 | 0.081 | |
| B16 | 2.303 | 2.39 | 2.346 5 | 0.087 | 0.009 0 |
| A17 | 1.694 | 1.749 | 1.721 5 | 0.055 | |
| B17 | 1.683 | 1.693 | 1.688 0 | 0.010 | 0.033 5 |
| A18 | 2.387 | 2.444 | 2.415 5 | 0.057 | |
| B18 | 2.367 | 2.424 | 2.395 5 | 0.057 | 0.020 0 |
| $n$ | — | — | — | 18 | — |
| $R_1$ | — | — | — | $2.027\ 8\times10^{-2}$ | — |
| $R_2$ | — | — | — | $2.605\ 6\times10^{-2}$ | — |
| 取样、检测总标准偏差 | — | — | — | $5.335\ 3\times10^{-4}$ | — |
| 检测标准偏差 | — | — | — | $3.231\ 5\times10^{-4}$ | — |
| 取样标准偏差 | — | — | — | $4.527\ 4\times10^{-4}$ | — |
| 取样不确定度 | — | — | — | 0.021 | — |

经过计算发现,本次车用汽油取样精密度实验的取样标准不确定度为烯烃 0.16%（体积分数）、芳烃 0.11%（体积分数）、硫含量 0.13 mg/kg、苯含量 0.005%（体积分数）、氧含量 0.021%（质量分数）。

## 十四、重量法

重量法是石油化工经常用到的分析方法,如残炭、蒸发损失、机械杂质、沉淀物等的测定。重量法是最经典的测量方法,计量器具基本上只用到了天平。尽管各种项目的重量法各不相同,但其基本过程是一致的,测量模型也基本一致,即天平清零后称量容器质量 $m_1$,再次清零并加入样品后称量质量 $m_2$,样品进行相关处理后,称量处理后的样品和容器的质量 $m_3$。若以留下的样品量作为测量结果,则测量模型如下:

$$x = \frac{(m_3 - E) - (m_1 - E)}{m_2 - E} \times 100\% \tag{1-81}$$

若以损失的样品量作为测量结果,则测量模型为:

$$x = \frac{(m_2 - E) - [(m_3 - E) - (m_1 - E)]}{m_2 - E} \times 100\%$$

$$= \frac{(m_2 - E) - (m_3 - E) + (m_1 - E)}{m_2 - E} \times 100\% \tag{1-82}$$

式中,$E$ 表示零点。为了消除共用零点的相关性,每次称量均清零。零点数值为 0,不确定度和称量值一致。

对于模型一,灵敏系数（$E$ 值为 0,计算灵敏系数时可省略 $E$）为:

$$\frac{\partial x}{\partial m_1} = -\frac{1}{m_2}, \qquad \frac{\partial x}{\partial m_2} = -\frac{m_3 - m_1}{m_2^2}, \qquad \frac{\partial x}{\partial m_3} = \frac{1}{m_2}$$

$$\frac{\partial x}{\partial E} = \left(\frac{-1}{m_2} - \frac{-m_3}{m_2^2}\right) - \left(\frac{-1}{m_2} - \frac{-m_1}{m_2^2}\right) = \frac{-m_2 + m_3 + m_2 - m_1}{m_2^2} = \frac{m_3 - m_1}{m_2^2}$$

对于模型二,灵敏系数为:

$$\frac{\partial x}{\partial m_1} = \frac{1}{m_2}, \qquad \frac{\partial x}{\partial m_2} = \frac{1}{m_2} - \frac{m_2 - m_3 + m_1}{m_2^2} = \frac{m_3 - m_1}{m_2^2}, \qquad \frac{\partial x}{\partial m_3} = -\frac{1}{m_2}$$

$$\frac{\partial x}{\partial E} = \left(\frac{-1}{m_2} - \frac{-m_2}{m_2^2}\right) - \left(\frac{-1}{m_2} - \frac{-m_3}{m_2^2}\right) + \left(\frac{-1}{m_2} - \frac{-m_1}{m_2^2}\right)$$

$$= \frac{-m_2 + m_2 + m_2 - m_3 - m_2 + m_1}{m_2^2}$$

$$= \frac{m_1 - m_3}{m_2^2}$$

以天平检定或校准证书提供的 $MPE$ 计算 B 类不确定度时,用上述灵敏系数合成。天平读数精度导致的不确定度归为 A 类评定,无须单独考虑。具体计算时,也可以先把零点的不确定度和相应称量值合成,省略零点的灵敏系数,这样计算会更简便一些。

## 十五、容量法

容量法是实验室经常采用的一种分析方法,简单地说,就是测量容积后计算含量的方法。根据反应原理,其可分为酸碱滴定法、络合滴定法、沉淀滴定法、氧化还原滴定法等;根据终点判断方法,可分为指示剂法、电位法等;根据滴定方式,可分为直接滴定法、置换滴定法、返滴定法等。

此处以最为复杂的返滴定过程为例加以说明,实际工作中可根据具体方法适当删减参数得到合适的测量模型。

称取样品 $m_1$(g),处理后定容到 $V_1$(mL),分取体积 $V_2$(mL)到滴定杯中,向其中加入体积 $V_3$(mL)的标准溶液 A。反应后,用标准溶液 B 滴定剩余的标准溶液 A,消耗了体积 $V_4$(mL)的标准溶液 B。标准溶液 A 的浓度为 $C_A$,标准溶液 B 的浓度为 $C_B$,单位均为 mol/L。测量模型为:

$$x = \frac{V_1(V_3 C_A - V_4 C_B)M}{(m_1 - E)V_2} \tag{1-83}$$

灵敏系数为:

$$\frac{\partial x}{\partial V_1} = \frac{(V_3 C_A - V_4 C_B)M}{m_1 V_2}$$

$$\frac{\partial x}{\partial V_2} = -\frac{V_1(V_3 C_A - V_4 C_B)M}{m_1 V_2^2}$$

$$\frac{\partial x}{\partial V_3} = \frac{V_1 C_A M}{m_1 V_2}$$

$$\frac{\partial x}{\partial V_4} = \frac{-C_B M V_1}{m_1 V_2}$$

式中,$M$ 为摩尔质量,其不确定度可以忽略。

设称量值的不确定度为 $u(m)$,则 $(m_1 - E)$ 项的合成不确定度为:

$$u(m_1 - E) = \sqrt{2}\,u(m)$$

灵敏系数为:

$$\frac{\partial x}{\partial(m_1 - E)} = -\frac{V_1(V_3 C_A - V_4 C_B)M}{m_1^2 V_2}$$

$$\frac{\partial x}{\partial C_A} = \frac{V_1 V_3 M}{m_1 V_2}, \qquad \frac{\partial x}{\partial C_B} = \frac{-V_1 V_4 M}{m_1 V_2}$$

其中,$V_1$、$V_2$、$V_3$、$V_4$ 为根据所用计量器具的最大允许误差评定的不确定度,为 B 类评定方式,视觉上的读数偏差归为 A 类评定方式,无须单独考虑;$C_A$、$C_B$ 的不确定度根据 $C_A$、$C_B$ 的获得方式单独评定(可以同时含有 A 类和 B 类评定方式)。

当需以温度对溶剂进行校正时,在计算结果时对 $V_1$、$V_2$、$V_3$、$V_4$ 进行校正,校正值本身的不确定度可以忽略。

# 第二章  Top-Down(自上而下)法

## 第一节  Top-Down 法简介

测量不确定度评定的 Top-Down(自上而下)法,是在控制不确定度来源或程序的前提下,评定测量不确定度,即运用统计学原理,直接评定特定测量系统的受控结果的测量不确定度。

Top-Down 法采用顶层设计理念,利用实验室内质控数据、实验室间的能力比对、标样定值等数据,从精密度和偏倚两个方面整体上评定测量不确定度,使得不确定度最大限度地涵盖人员、仪器、样品、检测、环境等因素,具有简便和操作性强等特点。质量控制和方法确认数据来自质量控制样品(简称质控样品,QC)和核查样品(CS)的分析,所用样品具有均匀性和稳定性,且基体和水平近似测量系统日常所测的样品。所谓偏倚,可理解为系统测量误差的估计值。相对于随机误差,偏倚是总的系统误差。

关于实验室内测量不确定度的评定,可使用长期积累的质控数据,相对于 GUM 法的短期测量周期,评定过程全面反映实验室内不确定度潜在来源的概率更大。目前大多数检测实验室仍然采用 GUM 法评定测量不确定度,随着 Top-Down 法的引入及宣贯,该评定方法将会得到进一步的推广应用。GB/T 27411—2012 中提供了精密度法、控制图法、线性拟合法和经验模型法四种自上而下的测量不确定度评定方法,检测实验室可酌情参考使用。RB/T 141—2018 介绍了利用正态性、独立性检测数据评定期间不确定度和偏倚不确定度的方法。

Top-Down 法的优点是明显的,但其缺点也很明显,即测量系统或测量过程必须确保"偏倚和精密度受控"。GUM 法尽管评定过程较为烦琐,但它适合于所有测量系统或测量过程,且能够分析出不确定度的主要、次要分量,进而可以采取针对性的质量提高措施。

## 第二节  偏倚和精密度受控的 Top-Down 法测量不确定度的评定

Top-Down 法评定测量不确定度的关键是确保测量系统或测量过程偏倚和精密度受控,以此保证样品测量结果的可靠性。本节主要讨论当偏倚和精密度受控且偏倚可以忽略的情况下样品测量的不确定度评定,可参考《检测实验室中常用不确定度评定方法与表示》(GB/T 27411—2012)。

以单次($z$)或多次($p$)测量平均值($\bar{z}$)报告样品测量结果的测量模型见式(2-1)和式(2-2)。

$$z = z_0 + b \qquad (2\text{-}1)$$

$$\bar{z} = \frac{\sum z_i}{p} + b \qquad (2\text{-}2)$$

不确定度按式(2-3)和式(2-4)计算:

$$u = \sqrt{u_b^2 + s^2} \qquad (2\text{-}3)$$

$$u = \sqrt{u_b^2 + \frac{s^2}{p}} \qquad (2\text{-}4)$$

式中　$b$——通过标准物质、权威方法、参加能力验证等方法确定的偏倚;

　　　$u$——样品测量结果的不确定度;

　　　$u_b$——偏倚不确定度;

　　　$s$——$z_i$测量精密度标准差,既可以根据具体评定过程取值,也可以直接利用标准方法的再现性标准差 $s_R$、重复性标准差 $s_r$。

本节所讨论的偏倚受控指测量结果的准确性得到保证且无须偏倚校正,在偏倚受控条件下式(2-1)和式(2-2)中的 $b$ 可以忽略。

## 一、通过精密度法确认偏倚和精密度受控

GB/T 27025—2019 中的 7.6.3 条规定:开展检测的实验室应评定测量不确定度。当由于检测方法的原因,难以严格评定测量不确定度时,实验室应基于对理论原理的理解或使用该方法的实践经验进行评估。某些情况下,公认的检测方法对测量不确定度的主要来源规定了限值,并规定了计算结果的表示方式,实验室只要遵守该检测方法和报告的说明,即认为满足要求。

JJF 1059.1—2012 中的 6.3.2 条规定:在工业、商业等日常的大量测量中,有时虽然没有任何明确的不确定度报告,但所用的测量仪器是经过检定处于合格状态,并且测量程序有技术文件明确规定,则其不确定度可以由技术指标或规定的文件评定。

日常测量过程中,测量系统可以通过核查标准物质、参加能力验证计划、与权威方法比对等方式确认偏倚受控,可以通过 $F$ 检验方法确认精密度受控。当偏倚和精密度都受控时,样品测量结果的不确定度按式(2-5)计算,如果检测结果是 $p$ 次重复测量的平均值,则不确定度按照式(2-6)计算。

$$u = \sqrt{u_b^2 + s_R^2} \qquad (2\text{-}5)$$

$$u = \sqrt{u_b^2 + s_L^2 + \frac{s_r^2}{p}} \qquad (2\text{-}6)$$

式中　$s_r$——测量方法的重复性标准差;

　　　$s_R$——测量方法的再现性标准差;

　　　$s_L$——测量方法的实验室间标准差。

**1. 通过 F 检验方法确认精密度受控**

实验室测量过程的实验室内标准差($s_w$)与重复性标准差($s_r$)要保持一致,这种一致性应通过一个或多个合适样品(可以包括偏倚确认时的标准物质)的重复分析(可合并结果)来确认。使用 95% 置信概率的 F 检验,计算 $s_w$ 与 $s_r$ 的比值,计算时以较大的标准差作为分子。

$$F = \frac{s_r^2}{s_w^2} \tag{2-7}$$

由于 $s_r$ 是由标准方法提供的,可以得到充分信任,取其相对不确定度为 0.05,根据 JJF 1059.1—2012 中 4.3.3.5 条款,该 B 类不确定度的自由度近似计算为 200。当 F 值小于临界值时,两个方差没有显著性差异,精密度受控。当精密度受控时,测量系统的每次测量标准差是一致的,即在评定不确定度时,可以使用通过样品测量计算的 $s_w$,也可以直接采用标准方法重复性标准差 $s_r$。反之,当 F 检验有显著性差异时,即实验室精密度达不到标准方法的重复性规定时,实验室必须采取改进措施,直至符合精密度要求。

**2. 通过核查标准物质确认测量系统偏倚受控**

1) 偏倚受控的判定

在实验室 1 对标准物质进行测量,形成标准物质的偏倚估计值,其计算见式(2-8):

$$b_i = y_i - RQV \tag{2-8}$$

式中　$b_i$——在实验室 1 对标准物质进行第 $i$ 次测量的偏倚估计值($i=1,2,\cdots,n$);

　　　$y_i$——在实验室 1 的第 $i$ 次测量结果($i=1,2,\cdots,n$);

　　　$RQV$——标准物质的参考值,其不确定度记为 $u(RQV)$。

每一次对标准物质进行测量时,有:

$$[u(b_i)]^2 = [s(y_i)]^2 + [u(RQV)]^2 \tag{2-9}$$

其中,$RQV$ 由其他实验室定值(一般是多个实验室协同实验的结果);作为最大估计,$s(y_i)$ 应包含测量方法的实验室间标准差 $s_L$、各次测量的实验室内标准差 $s_w$。因此,式(2-9)变为:

$$[u(b_i)]^2 = s_L^2 + s_w^2 + [u(RQV)]^2 \tag{2-10}$$

当 $n=2$ 时,有:

$$b_1 = y_1 - RQV$$
$$b_2 = y_2 - RQV$$

$$b = \frac{|b_1 + b_2|}{2} = \frac{y_1 + y_2}{2} - \frac{RQV + RQV}{2} = \frac{y_1 + y_2}{2} - RQV \text{(绝对值对方差无影响)}$$

即当进行重复测量时,得到的偏倚估计值为:

$$b = \bar{y} - RQV \tag{2-11}$$

式中　$b$——在实验室 1 对标准物质进行重复测量的偏倚估计值;

　　　$\bar{y}$——在实验室 1 重复测量结果 $y_i (i=1,2,\cdots,n)$ 的平均值。

根据式(2-10)，当 $n=2$ 时，可以得到以下关系式：

$$[u(b_1)]^2 = s_{L_1}^2 + s_{w_1}^2 + [u(RQV)_1]^2$$

$$[u(b_2)]^2 = s_{L_2}^2 + s_{w_2}^2 + [u(RQV)_2]^2$$

$$[u(b)]^2 = \frac{[u(b_1)]^2 + [u(b_2)]^2}{2^2}$$

$$= \{s_{L_1}^2 + s_{w_1}^2 + [u(RQV)_1]^2 + s_{L_2}^2 + s_{w_2}^2 + [u(RQV)_2]^2 + 2r_L s_{L_1} s_{L_2} + 2r_{RQV} u(RQV)_1 u(RQV)_2 + 2r_w s_{w_1} s_{w_2}\}/2^2$$

式中，$s_L$ 由标准方法提供，$s_{L_1}$ 和 $s_{L_2}$ 一致，完全正相关，$r_L=1$；$u(RQV)$ 由同一标准物质提供，完全正相关，$r_{RQV}=1$；$s_w$ 由重复性实验提供，相互之间是独立的，$r_w=0$。

由此，上式可变换为：

$$[u(b)]^2 = \frac{s_{L_1}^2 + s_{L_2}^2 + 2r_L s_{L_1} s_{L_2} + [u(RQV)_1]^2 + [u(RQV)_2]^2 + 2r_{RQV} u(RQV)_1 u(RQV)_2}{2^2}$$

$$+ \frac{s_{w_1}^2 + s_{w_2}^2}{2^2}$$

$$= \frac{4s_L^2 + 4[u(RQV)]^2}{2^2} + \frac{2s_w^2}{2^2} = s_L^2 + [u(RQV)]^2 + \frac{s_w^2}{2}$$

即

$$[u(b)]^2 = s_L^2 + \frac{s_w^2}{n} + [u(RQV)]^2 \tag{2-12}$$

以 $s_D$ 表示偏倚 $b$ 的标准偏差，$s_D = u_b$，取包含概率为 95%，包含因子 $k=2$，若满足 $|b| < 2s_D$ 即式(2-13)成立，则表明偏倚受控。

$$|b| < 2s_D \tag{2-13}$$

如果标准物质参考值的不确定度可以忽略[一般 $u(RQV) < 0.3s_R$ 时就可忽略]，则：

$$s_D = \sqrt{s_L^2 + \frac{s_w^2}{n}} \tag{2-14}$$

测量过程的精密度应确认受控，$s_w$ 可以由 $s_r$ 代替，同时将再现性限 $R$ 和重复性限 $r$ 代入式(2-14)，得：

$$2s_D = 2\sqrt{\left(\frac{R}{2.8}\right)^2 - \left(\frac{r}{2.8}\right)^2 + \frac{\left(\frac{r}{2.8}\right)^2}{n}} = 2\sqrt{\left(\frac{R}{2.8}\right)^2 - \frac{n-1}{n}\left(\frac{r}{2.8}\right)^2}$$

$$2s_D = \frac{\sqrt{2}}{2}\sqrt{R^2 - \frac{n-1}{n}r^2} \tag{2-15}$$

如果只测量 1 次或者 $r$ 足够小(一般 $r < 0.3R$ 时就可忽略)，则式(2-15)简化为：

$$2s_D = 0.7R \tag{2-16}$$

**注:**某些标准方法规定，标准物质的检测结果和标称值的差不大于 $0.7R$ 时即表示核查通过。

2) 样品测量结果的不确定度

偏倚受控时,测量结果无须偏倚校正,测量模型式(2-1)、式(2-2)中的偏倚项可以忽略,根据结果是单次测量还是多次测量的平均值,不确定度按照式(2-5)、式(2-6)计算。

样品单次测量结果的不确定度为:

$$u = s_R \tag{2-17}$$

如果结果是 $p$ 次测量的平均值,那么测量时,样品测量的实验室内标准差 $s_w$ 和重复性标准差一致,测量过程的精密度应确认受控,$s_w$ 可以用 $s_r$ 代替,则不确定度为:

$$u = \sqrt{s_L^2 + \frac{s_r^2}{p}} \tag{2-18}$$

**3. 通过和权威方法检测结果比对的方式确认偏倚**

1) 偏倚受控的判定

实验室 1 日常采用常规方法 A 检测样品,定期或有计划地采用权威方法 B 和常规方法 A 同时对检测样品进行核查。对 $n_1$ 个样品进行核查测量,产生 $n_1$ 个成对值($y_i$,$\hat{y}_i$)。形成的偏倚估计值见式(2-19)。

$$b = \frac{\sum\limits_{i=1}^{n_1} (\hat{y}_i - y_i)}{n_1} \tag{2-19}$$

式中　$b$——实验室 1 采用权威方法确认时的平均偏倚估计值;

　　　$\hat{y}_i$——实验室 1 采用常规方法 A 的样品测量结果;

　　　$y_i$——实验室 1 采用权威方法 B 的样品测量结果;

　　　$n_1$——实验室 1 同时采用权威方法 B 和常规方法 A 核查的样品数。

权威方法 B 和常规方法 A 的实验室间和实验室内标准差分别为 $s_{LB}$、$s_{LA}$、$s_{wB}$、$s_{wA}$,则:

$$s_D = \sqrt{s_{LB}^2 + s_{LA}^2 + \frac{s_{wB}^2}{n_1} + \frac{s_{wA}^2}{n_1}} \tag{2-20}$$

选择权威方法 B 时,其精密度要远高于常规方法,式(2-20)可简化为:

$$s_D = \sqrt{s_{LA}^2 + \frac{s_{wA}^2}{n_1}} \tag{2-21}$$

也可以根据贝塞尔公式计算用 $s(b_i)$,即用 $s(\hat{y}_i - y_i)$ 代替 $s_{wA}$,有:

$$s_D = \sqrt{s_{LA}^2 + \frac{s^2(\hat{y}_i - y_i)}{n_1}} \tag{2-22}$$

取包含概率为 95%,包含因子 $k=2$,则当 $|b| < 2s_D$ 时,偏倚受控。

2) 样品测量结果的不确定度

偏倚受控时,测量结果无须偏倚校正,测量模型式(2-1)、式(2-2)中的偏倚项可以忽略,根据结果是单次测量还是多次测量的平均值,不确定度按照式(2-20)、式(2-21)计算。

样品检测结果的不确定度为:

$$u = s_D \tag{2-23}$$

当样品报告单次检测结果且采用常规方法的精密度数据时,上式可简化为:

$$u = s_{RA} \tag{2-24}$$

如果常规方法为实验室内部方法且尚未得到同行的普遍验证,则不宜使用本法评定不确定度。

**4. 通过参加能力验证计划确认偏倚受控**

*1) 偏倚受控的判定*

如果实验室 1 持续参加能力验证计划,并由此得到 $q$ 个偏倚估计值,则该数据可用于偏倚受控的确认。偏倚估计值的计算见式(2-25)。

$$b = \frac{\sum\limits_{i=1}^{q}(x_i - X_i)}{q} \tag{2-25}$$

式中　$x_i$——实验室 1 参加能力验证计划给出的结果;

$X_i$——能力验证计划给出的公议值,不确定度表示为 $u(X_i)$;

$q$——参加能力验证计划的次数,$q \geqslant 1$。

$$[u(b)]^2 = s_L^2 + \frac{s_r^2}{n_2} + \frac{\sum[u(X_i)]^2}{q} \tag{2-26}$$

式中　$s_r$——实验室 1 给出 $x_i$ 测量方法的重复性标准差;

$s_L$——实验室 1 给出 $x_i$ 测量方法的实验室间标准差;

$n_2$——实验室 1 给出 $x_i$ 的测量次数。

一般来说,$u(X_i) < 0.3 s_L$,可以忽略,则:

$$s_D = \sqrt{s_L^2 + \frac{s_r^2}{n_2}} \tag{2-27}$$

如果 $q$ 足够大(一般不小于 10 次),也可以用贝塞尔公式计算标准偏差,即

$$s_D = \sqrt{s_L^2 + \frac{s^2(x_i - X_i)}{n_2}} \tag{2-28}$$

可按照式(2-13)判断偏倚是否受控。

*2) 样品测量结果的不确定度*

偏倚受控时,测量结果无须偏倚校正,测量模型式(2-1)、式(2-2)中的偏倚项可以忽略,当样品报告单次检测结果且采用检测方法的精密度数据时,不确定度为:

$$u = s_R \tag{2-29}$$

式中　$s_R$——实验室 1 给出 $x_i$ 测量方法的再现性标准差。

当采用 $n_3$ 次(实验室 1 给出样品结果的测量次数)检测平均值且实验室内偏差为贝塞尔公式计算得到的时,不确定度为:

$$u = \sqrt{s_L^2 + \frac{s^2(x_i - X_i)}{n_3}} \tag{2-30}$$

需要注意的是,如果能力验证计划给出的公议值的不确定度不能忽略,则不宜使用

本法评定不确定度。

## 二、控制图法

标准方法的精密度数据是由多家实验室协同实验得到的,采用标准方法的精密度数据评定不确定度反映了实验室要达到的普遍水平,不能反映实验室 1 自身的检测水平。实验室如果采取按时间序列进行 QC(质量控制)样品或 CS(核查)样品测量的质控措施,则在确保偏倚和测量过程受控的情况下,可以由期间精密度评定测量不确定度。

期间精密度测量条件:除了相同测量程序、相同地点,以及在一个较长时间内对同一或相类似的被测对象重复测量的一组测量条件外,还包括涉及改变的其他条件。期间精密度标准差的符号为 $s_{R'}$,期间精密度限的符号为 $R'$。

JJF 1059.1—2012 中规定:对一个测量过程,若采用核查标准和控制图的方法使测量过程处于统计控制状态,则统计控制下的测量过程的 A 类不确定度可以用合并标准偏差($s_P$)表征。

A 类评定方法通常比用其他评定方法所得到的不确定度更为客观,并具有统计学的严格性,但要求充分的重复次数。此外,这一测量程序中重复测量所得的测得值应相互独立。

期间精密度以及核查数据的独立性、正态性的计算判断详见本章第三节。

在期间精密度测量条件下,当样品的测量结果来自单次实验时,有:

$$u = s_{R'} \tag{2-31}$$

当样品的测量结果来自 $n_4$ 次实验时,有:

$$u = \sqrt{s_{R'}^2 - \frac{(n_4 - 1)s_r^2}{n_4}} \tag{2-32}$$

如果实验室有自己的 $s_w$,则可以用 $s_w$ 代替 $s_r$。

## 三、线性拟合法

JJF 1059.1—2012 中规定:当输入量的估计值是由实验数据用最小二乘法拟合的曲线得到的时,曲线上任何一点和表征曲线拟合参数的标准不确定度可用有关的统计程序评定。如果被测量估计值在多次观测中呈现与时间有关的随机变化,则应采用专门的统计分析方法。

通过不同水平的标准物质建立测量模型,当试样无须前处理且结果跟试样量无关,即标准曲线的读数就是样品结果(如能量色散法测定样品中的硫含量时),在确定此拟合过程偏倚和精密度受控的情况下,标准曲线拟合的不确定度即样品测量的不确定度。在不确定度评定时应注意,线性拟合法未考虑从样品中取出试样的不确定度,即样品不均匀性导致的不确定度。

通过本节第一部分判定偏倚是否受控,通过单因子方差分析判断精密度是否受控。

通过最小二乘法拟合的测量模型($K \geqslant 2$)为:

$$\widehat{y_n} = \widehat{\beta_0} + \widehat{\beta_1} RQV_n \tag{2-33}$$

$$e_{nk} = y_{nk} - \widehat{y_n} \tag{2-34}$$

$$SSE = \sum_{n=1}^{N} \sum_{k=1}^{K} e_{nk}^2 \tag{2-35}$$

$$\widehat{\sigma} = \sqrt{\frac{SSE}{NK-2}} \tag{2-36}$$

式中　$y_{nk}$——第 $n$ 个水平的第 $k$ 次测量值($k=1,2,\cdots,K$);

　　　$\widehat{y_n}$——$y_{nk}$ 的估计值;

　　　$\widehat{\beta_0}$——截距估计值;

　　　$\widehat{\beta_1}$——斜率估计值;

　　　$RQV_n$——第 $n$ 个水平的参考量值;

　　　$\widehat{\sigma}$——测量系统的精密度估计值;

　　　$e_{nk}$——残差值;

　　　$SSE$——离差平方和;

　　　$NK-2$——自由度,其中 $N$ 为标准物质数,$K$ 为每个标准物质的重复测量数。

将 $e_{nk}$ 对 $\widehat{y_n}$ 作图,若图中显示非以 0 点为中心的随机分布,或 $e_{nk}$ 与 $\widehat{y_n}$ 之间呈现某种系统图形,则表明常数模型的假定不成立,可采用比例模型拟合。比例模型在油品理化领域应用较少,本书中不予讨论。

失拟误差的均方计算见式(2-37)、式(2-38):

$$SSP = \sum_{n=1}^{N} \sum_{k=1}^{K} (y_{nk} - \bar{y}_{nk})^2 \tag{2-37}$$

$$\sigma_1^2 = \frac{SSE - SSP}{N-2} \tag{2-38}$$

式中　$SSP$——实验误差平方和;

　　　$\sigma_1^2$——失拟误差均方(标准物质间的测量方差);

　　　$N-2$——自由度,其中 $N$ 为标准物质数。

实验误差的均方计算见式(2-39):

$$\sigma_P^2 = \frac{SSP}{NK-N} \tag{2-39}$$

式中　$\sigma_P^2$——实验误差均方(标准物质内的测量方差);

　　　$NK-N$——自由度,其中 $N$ 为标准物质数,$K$ 为每个标准物质的重复测量数。

在包含概率为 95% 下,$F$ 值按式(2-40)计算,将其与 $F$ 的临界值相比较,若差值小于 $F_{1-\alpha}(N-2,NK-N)$,则表明模型拟合正确,测量过程精密度受控。

$$F = \frac{\sigma_1^2}{\sigma_P^2} \tag{2-40}$$

当测量过程偏倚和精密度受控时,样品测量结果 $x$ 的不确定度按式(2-41)计算,其详细推导过程参见本书第一章。

$$u^2(x) = \frac{\hat{\sigma}^2}{\hat{\beta}_1^2}\left[\frac{1}{p} + \frac{1}{NK} + \frac{(x - \overline{RQV})^2}{\sum RQV_i^2 - \frac{1}{n}\left(\sum RQV_i\right)^2}\right] \tag{2-41}$$

式中　$p$——样品测量结果 $x$ 的实验次数。

## 四、经验模型法

GB/T 27025—2019 中规定:合理的评定应依据对方法特性的理解和测量范围,并利用诸如过去的经验和确认的数据……据以做出满足某规范决定的窄限。

JJF 1059.1—2012 中规定:在可能情况下,尽可能采用按长期积累的数据建立起的经验模型……应该提出目标不确定度,并做出测量不确定度预先分析报告,论证目标不确定度的可行性。

实验室可分别参照控制图法和线性拟合法,在确保偏倚和测量系统受控的前提下,通过长期大量的数据积累,建立测量结果与标准差之间的函数关系。标准差的计算可参照本书第一章第三节。

若没有合适的变换类型或无明显的函数关系,可按稳定性方差处理。如果标准差依赖于水平,则需加权最小二乘拟合。

$$\hat{s} = \hat{\beta}_2 + \hat{\beta}_3 x \tag{2-42}$$

式中　$\hat{s}$——通过样品测量结果 $x$ 拟合的标准差;

　　　$\hat{\beta}_2$、$\hat{\beta}_3$——截距和斜率。

实验室需持续跟踪监控,不断调整和修正自己所建立的目标不确定度模型。

式(2-42)建立的前提是所汇集的系列数据 $x_i$ 符合一致性统计。根据 GB/T 27412—2012,假定实验室无偏操作进行 $h$ 与 $k$ 的一致性统计。

$h$ 与 $k$ 的统计公式见式(2-43)、式(2-44):

$$h = \frac{d}{s_{\bar{x}}} \tag{2-43}$$

$$k = \frac{s}{s_r} \tag{2-44}$$

式中　$h$——人员间一致性统计量,即样品水平下某人员的单元均值与其他人员间比较的度量;

　　　$d$——水平下的单元值,$d = \bar{x} - \bar{\bar{x}}$,其中 $\bar{x}$ 为单元均值,$\bar{\bar{x}}$ 为水平均值;

　　　$s_{\bar{x}}$——水平下的平均值标准差。

　　　$k$——人员间一致性统计量,即样品水平下某人员的变异与其他人员总合变异间比较的度量;

　　　$s$——水平下的单元标准差;

　　　$s_r$——水平下的重复性标准差。

在 95% 的置信概率下,若所计算的 $h$ 与 $k$ 不超出 GB/T 27411—2012 中表 D.2 中的临界值,则接受数据一致性的假定。

当$x_i$符合一致性检验后,按式(2-42)进行拟合。如果方差不稳定,即$\hat{\beta}_2$和$\hat{\beta}_3$有显著性差异,则需将$s$和$x$求对数,进行变换后再拟合。

$$\lg \hat{s} = \beta_4 \lg x + \beta_5 \tag{2-45}$$

如果变换后方差是稳定的,则按式(2-46)变换并进行统计检验和作图分析。

$$y = x^{1-\beta_4} \tag{2-46}$$

式中　$y$——数据的拟合值;

　　　　$x$——数据的原结果;

　　　　$\beta_4$——拟合曲线斜率,$\beta_4 \neq 1$;

　　　　$\beta_5$——拟合曲线截距。

当偏倚和测量系统受控时,$q$次样品测量结果$x$的不确定度为:

$$u(x) = \sqrt{\frac{\hat{s}^2}{q}} \tag{2-47}$$

详细计算过程请参考 GB/T 27411—2012 附录 D。

## 第三节　正态性和独立性检验、期间及偏倚不确定度

本章第二节讨论了不考虑偏倚情况下的不确定度,本节将从系列测量数据出发,验证系列数据的正态性、独立性,以期间精密度和偏倚不确定度合成样品测量的不确定度。本节可参考《化学检测领域测量不确定度评定　利用质量控制和方法确认数据评定不确定度》(RB/T 141—2018)。

### 一、测量数据的正态性和独立性检验

对系列测量数据进行预处理。

(1) QC 样品的数据预处理公式见式(2-48):

$$I_i = Y_i \tag{2-48}$$

式中　$I_i$——样品预处理结果,$i=1,2,\cdots,n$;

　　　　$Y_i$——样品测量结果,$i=1,2,\cdots,n$。

(2) CS 样品的数据预处理。

当精密度不随水平变化时,预处理公式见式(2-49):

$$I_i = Y_i - RQV_i \tag{2-49}$$

式中　$RQV_i$——样品测量结果$Y_i$对应的参考量值,$i=1,2,\cdots,n$。

当精密度随水平变化时,预处理公式见式(2-50):

$$I_i = \frac{Y_i - RQV_i}{\sqrt{s_{RQV_i}^2 + s_{R'}^2}} \tag{2-50}$$

式中　$s_{RQV_i}$——$RQV$的标准差(可由标准物质证书获得);

$s_{R'}$——期间精密度标准差。

当不存在自相关时，$I_i$ 的期间精密度标准差 $s_{R'}$ 按移动极差公式（$MR$ 式）求得，其中，$MR_i = |I_{i+1} - I_i|$，$\overline{MR} = 1.128 s_{R'}$，反映了数据的正态性。

（3）将剔除了离群结果的系列值 $I_i$ 排序成 $I_1 \leqslant I_2 \leqslant \cdots \leqslant I_n$，其标准化值见式（2-51）：

$$w_i = \frac{I_i - \overline{I}}{s} \tag{2-51}$$

式中　$w_i$——$I_i$ 的标准化值；

$\overline{I}$——$I_i$ 的平均值；

$s$——$I_i$ 的标准差，按贝塞尔公式（$s$ 式）求得，反映了数据的正态性。

（4）将 $w_i$ 值换算成正态概率 $p_i$ 值。$p_i$ 可通过 RB/T 141—2018 的附表 A 按 $w_i$ 查得，也可通过标准正态概率密度函数 NORM. S. DIST 计算（不同版本的 Excel 可能有不同的函数表达方式）。

$$A^2 = -\frac{\sum_{i=1}^{n}(2i-1)\left[\ln p_i + \ln(1 - p_{n+1-i})\right]}{n} - n \tag{2-52}$$

$$A^{2*} = A^2\left(1 + \frac{0.75}{n} + \frac{2.25}{n^2}\right) \tag{2-53}$$

式中　$A^2$——正态统计量；

$A^{2*}$——正态统计量 $A^2$ 的修正值，按 $s$ 式计算时表示为 $A_s^{2*}$，按 $MR$ 式计算时表示为 $A_{MR}^{2*}$；

$p_i$——正态概率值；

$n$——测量次数。

$A_s^{2*}$、$A_{MR}^{2*}$ 为正态性、独立性检验指标，按式（2-53）计算，其中 $s$ 分别为 $s_{I_i}$ 和 $s_{R'}$。若 $A_s^{2*}$ 和 $A_{MR}^{2*}$ 均小于 1.0，则接受数据的正态性、独立性和分辨力适宜性的假定。

## 二、期间精密度不确定度分量的评定

### 1. 稳定样品分析

当所有质量控制（QC）样品的测量涵盖全部分析过程时，样品水平下单次测量的 $u_{R'}$ 评定按式（2-54）计算：

$$u_{R'} = s_{R'} \tag{2-54}$$

### 2. 标准溶液样品分析

当测量系统无法获得稳定的 QC 样品时，可采用标准溶液替代，样品水平下的 $u_{R'}$ 评定按式（2-55）计算：

$$u_{R'} = \sqrt{u_{R'(\text{stand})}^2 + u_{r'(\text{range})}^2} \tag{2-55}$$

式中　$u_{R'(\text{stand})}$——标准溶液样品的变异；

$u_{r'(\text{range})}$——实际样品不同水平之间的变异，$u_{r'(\text{range})} = \dfrac{\overline{R}}{1.128}$；

$\overline{R}$——极差的平均值。

### 3. 非稳定样品分析

当测量系统无法获得稳定的 QC 样品和标准溶液时,可参考其他程序估计,样品水平下的 $u_{R'}$ 评定按式(2-56)计算:

$$u_{R'} = \sqrt{u_{R'(\text{bat})}^2 + u_{r'(\text{range})}^2} \tag{2-56}$$

式中　$u_{R'(\text{bat})}$——来自其他程序给出的 $u_{R'}$ 或按经验判断估计得到的 $u_{R'}$。

## 三、偏倚不确定度分量的评定

### 1. CS 样品分析

测量次数为 $m$ 的单水平下的 $u_b$ 评定按式(2-57)计算:

$$u_b = \sqrt{b^2 + \frac{s_b^2}{m} + u_{c,\text{ref}}^2} \tag{2-57}$$

式中　$b$——偏倚平均值,$b = \overline{x} - ref$;

　　　$ref$——参考值;

　　　$u_{c,\text{ref}}^2$——参考值的合成标准不确定度;

　　　$s_b$——CS 样品分析系列结果 $x_i$ 的标准差。

$n$ 个水平、每个水平测量次数为 $m$ 的 $u_b$ 评定按式(2-58)计算:

$$u_b = \sqrt{\frac{\sum b_i^2}{n} + \frac{\sum b_i^2}{nm} + \frac{\sum u_{c,\text{ref}_i}^2}{n}} \tag{2-58}$$

### 2. 加标回收实验分析

$u_b$ 的评定按式(2-59)计算:

$$u_b = \sqrt{\frac{\sum b_i^2}{n}} \tag{2-59}$$

式中　$b_i$——第 $i$ 个回收率与平均回收率差值对应的测量结果。

偏倚的量纲要与结果保持一致。

## 四、不确定度的表示

样品测量结果($q$ 次实验)的不确定度用式(2-60)计算,以扩展不确定度($U$)表示。如果包含因子 $k$ 不取 2,则应指明 $k$ 值;如果不考虑抽样变异,则 $U$ 仅为对所给样品的评定。

$$U = ku_c = k\sqrt{\frac{u_{R'}^2}{q} + u_b^2} \tag{2-60}$$

式中　$u_c$——合成标准不确定度。

# 第三章　测量不确定度的应用

## 第一节　测量程序的改进和质量控制

按 GUM 法评定不确定度,需要找出各个不确定度分量,正确评定并计算相应的灵敏系数。对于"全乘除"的测量模型,可以计算相对标准不确定度。通过各个不确定度分量对最终结果的贡献大小,自然可以得到影响测量结果质量的主要因素,即需要重点进行质量控制的因素,从而改进测量程序。

某测量结果的不确定度分量见表 3-1,其中分量 $x_1$ 的不确定度最大,但它对结果合成不确定度也最不灵敏,而分量 $x_3$ 的不确定度最小,但灵敏系数最大,因此,对合成不确定度贡献最大的是 $x_3$,$x_1$ 甚至可以忽略。对本测量程序而言,重点进行质量控制的是分量 $x_3$,改进测量程序也从 $x_3$ 入手,从而兼顾不确定度大小和灵敏系数大小。

**表 3-1　测量结果不确定度分量**

| 分　量 | 不确定度 $u(x_i)$ | 灵敏系数 $|c_i|$ | 分量贡献 $|c_i u(x_i)|$ |
|---|---|---|---|
| $x_1$ | 2 | 0.1 | 0.2 |
| $x_2$ | 1 | 0.5 | 0.5 |
| $x_3$ | 0.2 | 4 | 0.8 |
| 合　成 | — | — | 0.96 |
| 忽略 $x_1$ 合成 | | | 0.94 |

假设测量模型为:

$$x = \frac{x_3}{x_1 + x_2} \tag{3-1}$$

$$c_1 = -\frac{x_3}{(x_1 + x_2)^2}$$

$$c_2 = -\frac{x_3}{(x_1 + x_2)^2}$$

$$c_3 = \frac{1}{x_1 + x_2}$$

显然,降低 $|c_3|$ 的方法是增大 $x_1 + x_2$ 的值,但这也会同时降低 $|c_1|$ 和 $|c_2|$,而且增大 $x_1 + x_2$ 也可能使 $u(x_1)$ 和 $u(x_2)$ 增大,因此需要根据具体的操作程序选择合适的 $x_1$ 和 $x_2$ 值。

**示例 3-1**

移取 1 mL 试液,其中单标线移液管的允许误差为 $\pm 0.007$ mL,而分度移液管的允许误差为 $\pm 0.008$ mL,前者比后者的不确定度小。质量控制措施就是尽量使用单标线移液管移取试液。

**示例 3-2**

移取 50 mL 试液,其中用 25 mL 单标线移液管移取 2 次的不确定度是用 50 mL 单标线移液管移取 1 次的不确定度的 2 倍。质量控制措施就是选择合适的移取器具 1 次移取完毕。

25 mL 单标线移液管的标准不确定度为 0.058 mL,2 次移取的 25 mL 试液完全相关,则 50 mL 体积的不确定度为 0.116 mL,而用 50 mL 单标线移液管移取 1 次的 50 mL 体积的不确定度为 0.058 mL。

**示例 3-3**

称取质量为 $m(g)$ 的样品,用浓度为 $C$ 的标准溶液滴定,初读体积 $V_1$ 为 0.00 mL,末读体积为 $V_2(mL)$,待测物质的相对分子质量为 $M$,则:

$$x = \frac{(V_2 - V_1)CM}{m - E} = \frac{VCM}{m}(结果计算时可直接忽略 E 和 V_1) \tag{3-2}$$

其中:

$$V = V_2 - V_1 \tag{3-3}$$

体积不确定度为:

$$u(V) = \sqrt{2}\left(\frac{\Delta}{\sqrt{3}}\right) \tag{3-4}$$

式中 $\Delta$——滴定管的最大允差。

质量不确定度为:

$$u(m) = \sqrt{2}\left(\frac{MPE}{\sqrt{3}}\right) \tag{3-5}$$

式中 $MPE$——天平的最大允差。

式(3-5)中,$m$ 实际上为 $m - E$。

各分量对结果不确定度的贡献见表 3-2。

**表 3-2 滴定过程质量改进示例**

| 分　量 | | 不确定度 $u$ | 灵敏系数 $|c_i|$ | 说　明 |
|---|---|---|---|---|
| A 类 | | $u_A$ | 1 | A 类、B 类不确定度不相关,合成时灵敏系数为 1。如果 A 类不确定度贡献较大,则应主要从室温变化、读数精度、样品前处理是否彻底等方面查找原因,并采取控制措施。人员的熟练操作程度也是原因之一 |
| B 类 | $C$ | $u(C)$ | $\dfrac{VM}{m}$ | 灵敏系数为定值,控制措施是降低浓度的不确定度 |
| | $M$ | 忽　略 | — | |
| | $V$ | $u(V)$ | $\dfrac{CM}{m}$ | 对滴定管来说,$u(V)$ 是确定的,降低消耗体积的不确定度贡献实际上就是一方面降低标准溶液浓度,但不能使突跃变得不明显,另一方面提高样品量,但需确保体积不能超过滴定管容量 |
| | $m$ | $u(m)$ | $\dfrac{VCM}{m^2}$ | 增加样品量会使消耗标准溶液的体积增加,但由于样品量是指数减小的,因此增加样品量会减小灵敏系数,从而使不确定度贡献降低 |

续表

| 分　量 | 不确定度 u | 灵敏系数 $|c_i|$ | 说　明 |
|---|---|---|---|
| 合　成 | $u_B$ | — | 如果 B 类不确定度贡献较大,则应考虑使用更高水平的天平、滴定管等,标准溶液浓度的确定方式也可以考虑进一步优化 |
| 结果不确定度 | $u_c$ | — | $u_c = \sqrt{u_A^2 + u_B^2}$ |

**示例 3-4**

采用卡尔费休库仑法测量润滑油的水分含量。测量仪平衡后注入 1 mL 油样,再次平衡后(滴定终点)仪器自动输出水分含量。该实验的理论基础为法拉第定律,即 1 mmol $H_2O$ 相当于 96 493 mC 电量。

$$w_{H_2O} = \frac{QM}{FV} \tag{3-6}$$

式中　　$w_{H_2O}$——水的质量浓度,mg/mL;

$Q$——测量过程消耗的电量,C;

$M$——水的毫摩尔质量,$M$=18.02 mg/mmol;

$V$——油样体积,mL;

$F$——法拉第常数,$F$=96 493 C/mol。

由测量模型可知,不确定度主要来源于电量 $Q$ 的测量和进样体积的测量。电量 $Q$ 的测量误差由生产商提供,$V$ 的不确定度来源于注射器。增加进样量可以同时减少 $Q$ 和 $V$ 的灵敏系数,降低不确定度贡献,但在实际检测中,增加进样量会加速消耗卡尔费休试剂,因此进样量要根据含水量适当选择。

应注意,在检测时应防止样品和注射器被空气、检测人员沾染。

## 第二节　不确定度在合格评定中的应用

CNAS-TRL-010—2019《测量不确定度在符合性判定中的应用指南》指出,测量是为了获得足够的信息,使判定结果风险在可接受的范围内。合理测量方案应在降低不确定度所需的成本和获得更准确的被测量真值信息所带来的益处之间做出折中考虑,尽量做到具有适当的测量不确定度和足够真值的信息,以便在可接受的风险水平上做出合格与否的判定。

当客户要求针对测量结果做出符合性声明时,合格评定机构应在合同评审时选择合适的判定规则并征得客户同意。需要注意的是,没有一种判定规则适用于所有的符合性判定活动,因此选择判定规则时应综合考虑被测属性的特点、所用的标准或技术规范要求、测量结果、双方风险等多方面的因素。

当需要进行符合性判定时,直接将测量结果与容许区间相比较,会有图 3-1 所示的 5 种情况(针对的是单侧容许区间,双侧容许区间与之类似)。

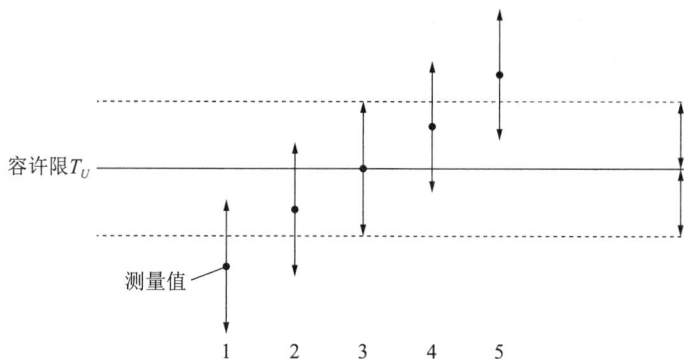

容许限 $T_U$

测量值

1　　2　　3　　4　　5

图 3-1　测量值及其扩展不确定度与容许限的关系图

图 3-1 中,测量值到箭头的距离为扩展不确定度,即真值在上下箭头之间。容许限的上下箭头为容许限的容许区间。

对图 3-1 中的情况可直接进行判定(不考虑测量不确定度,以不超过 $T_U$ 为例),会有以下 4 种结果:

(1) 有效合格(正确接受):测得值在容许区间内,真值也在容许区间内。

(2) 无效合格(错误接受):测得值在容许区间内,但真值可能在容许区间外。

(3) 有效不合格(正确拒绝):测得值在容许区间外,真值也在容许区间外。

(4) 无效不合格(错误拒绝):测得值在容许区间外,但真值可能在容许区间内。

图 3-1 中,1 和 5 两种情况不管是否考虑不确定度,均可以直接判断为合格或者不合格,而对于 2、3、4 这三种情况,在考虑测量不确定度的情况下,不能直接判断是否合格(详见 RB/T 197—2015《检测和校准结果及与规范符合性的报告指南》),需要选择合理的判定规则。判定规则规定了如何考虑测量不确定度,由此确定可接受的测得值区间,即接受区间,该区间的上限和/或下限就是接受限。只要测得值出现在接受区间内,就可判定为合格。

## 一、风险共担判定规则

一种主要且应用广泛的判定规则是简单接受或者风险共担判定规则,这种判定规则不考虑测量不确定度的影响,被测属性的测得值落在容许区间时判定为合格,由实验室和客户共同承担误判的风险。实际上,贸易双方出于对容许区间关注的不同,也可根据不确定度制定不同的容许区间,此情况不适用风险共担判定规则,可参考 *Utilization of Test Data to Determine Conformance with Specifications*(ASTM D3244)。

下列两种情况可采用风险共担判定规则:

(1) 依据的标准或规范中没有明确要求符合性判定时需考虑测量不确定度的影响;

(2) 客户和实验室之间有协议声明符合性判定时无须考虑测量不确定度的影响。

如图 3-1 中的第 2 种情况可判定为合格,但存在约 25% 的概率不合格,而第 4 种情况可判定为不合格,但存在约 25％的概率合格。

目前在国内商品质量抽检时往往采取这种方式进行合格评定,但对生产和经营者而言,有时不合格的结论是误判得出的(第 4 种情况,即存在合格概率,但仍然可能以不合格处置),因此对生产和经营者最好采取带保护带的判定规则。

## 二、考虑测量能力指数的判定规则

对被测量 $Y$ 进行测量后,测得值 $y=\eta_m$,标准测量不确定度 $u=u_m$。容许上限为 $T_U$,容许下限为 $T_L$,容差 $T=T_U-T_L$。定义测量能力指数:

$$C_m = \frac{T_U - T_L}{4u_m} = \frac{T}{4u_m} = \frac{T}{2U} \tag{3-7}$$

其中,$U=2u_m$ 是扩展不确定度,包含因子 $k=2$。标准测量不确定度的倍数之所以选为 4,是因为在报告测量结果时通常采用的包含区间为 $[\eta_m-2u_m, \eta_m+2u_m]$。在被测量 $Y$ 为正态概率密度函数的情况下,该区间的包含概率接近 95％。

当符合性判定忽略测量不确定度的影响时,(对于双侧容许区间)测量不确定度与容差的一半之比通常小于或等于 1:3,此时测量能力指数 $C_m=\frac{T}{2U}=3$。

区间 $(T_L+U, T_U-U)$ 占区间 $(T_L, T_U)$ 的 66.7％,即如图 3-2 所示,测量能力指数 $C_m=3$ 时的示意图中(b)的 4/6 部分。被测量 $Y$ 为正态分布时,$\eta_m$ 落在区间 $(T_L, T_U)$ 内合格的概率约为 72％,即误判风险约为 28％,如图 3-2(c)所示,概率 $\geq 6/8 \times 95\% = 71.25\% \approx 72\%$;如果按 $\eta_m$ 落在区间 $(T_L+U, T_U-U)$ 内才判为合格,则合格概率等于扩展不确定度 $U$ 的置信概率,误判风险小于 5％,如图 3-2(a)所示。

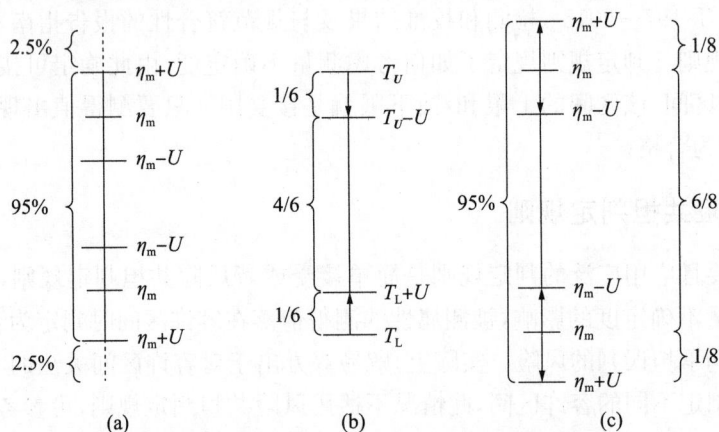

图 3-2　测量能力指数 $C_m=3$ 时的合格概率示意图

由于在大多数测量活动中被测量 $Y$ 服从正态分布,所以这里以正态分布为例讨论测量能力指数与误判风险的关系。

对于同一 $\eta_m$ 值,测量能力指数越大,误判的风险越低。因此,在合格概率未知的情况下,判定规则可以考虑采用提高测量能力指数的方式,降低测得值的误判风险。但需要注意的是,在容许区间一定的情况下,提高测量能力指数意味着采用准确度等级更高的测量设备和/或更精密的测量程序以减小不确定度,这些均会增加测量成本。因此,实际应用中要在权衡测量能力指数和误判风险的基础上,制定或选择合理的判定规则。

### 三、有保护带的判定规则

相对于风险共担判定规则,有保护带的判定规则带有风险偏好,其根据出现误判后果的严重程度,在容许区间的基础上设置保护带,确定接受区间,减小其中一方的误判风险。需要注意的是,风险不能消除,因为当减小其中一方的误判风险时,会增大另一方的误判风险。

具体而言,有保护带的判定规则又分为有保护带的接受和有保护带的拒绝。

**1. 有保护带的接受**

通过在容许区间内设置接受限 $A_U$ 可以降低无效合格的风险(即消费者风险)。如图 3-3 所示,由 $T_U$ 和 $A_U$ 确定的区间称为保护带,$A_U$ 确定的区间为接受区间(也称为合格区间),落在接受区间内的测得值均判为合格。有保护带的接受也称为可靠接受、严格接受或积极符合接受。

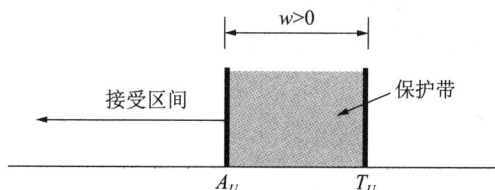

图 3-3  有保护带的接受的单侧容许区间示意图

图 3-3 显示了单侧容许区间有保护带的接受的判定规则,其中接受上限 $A_U$ 位于容许上限 $T_U$ 之内,确定了接受区间,降低了无效合格的概率。

容许限值和对应的接受限值之间的差值确定了保护带的长度参数 $w$,即 $w = T_U - A_U$。对于有保护带的接受,$w > 0$。

在实际应用中,长度参数 $w$ 一般取扩展不确定度(包含因子 $k=2,U=2u$)的倍数,即

$$w = rU \tag{3-8}$$

通常选择 $w=U,r=1$,此时有效合格概率至少为 $95\%$,这种保护带也称为 $U_{95}$ 保护带。

对于双侧容许区间,接受上限和下限是对应的容许限值分别偏移一个保护带(长度参数 $w=U$),如图 3-4 所示。其中,$A_L$ 和 $A_U$ 确定的区间为接受区间(图中合格区间)。

图 3-4 通过将容许区间的两侧各缩小一个扩展不确定度 $U$ 的长度确定双侧接受区间。

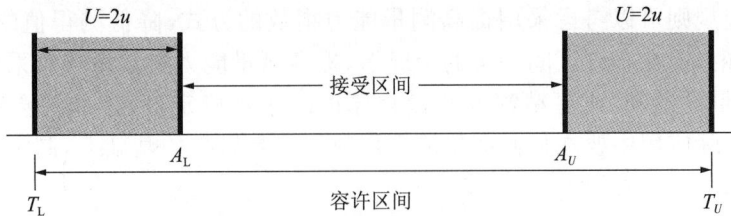

图 3-4　有保护带的接受的双侧容许区间示意图

## 2. 有保护带的拒绝

通过在容许区间之外设置接受限 $A_U$ 可以降低无效不合格的概率(即生产商风险),如图 3-5 所示。当需要获得超过限值的确凿证据时,一般使用这种有保护带的拒绝的判定规则。有保护带的拒绝也称为可靠拒绝、严格拒绝、积极不符合拒绝。

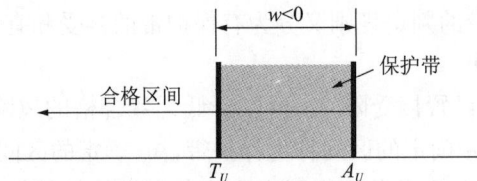

图 3-5　有保护带的拒绝的单侧容许区间示意图

图 3-5 显示了单侧容许区间有保护带拒绝的判定规则。在容许上限 $T_U$ 之外的接受上限 $A_U$ 确定了接受区间,降低了无效不合格的概率。长度参数 $w = T_U - A_U < 0$。

双侧容许区间的情况与此类似。

当长度参数 $w = U$ 时,有效不合格的概率至少为 95%。

事实上,采用 $U_{95}$ 保护带在降低一方误判风险的同时,会显著增加另一方的误判风险,因此在实际应用中可先计算合格概率,确定合理的保护带长度,也可根据历史测量数据、法律法规要求、双方协商结果等因素确定保护带长度。

### 示例 3-5

设某样品中铅元素的分析结果为 120 mg/kg,铅元素的分析校正系数为 30%,则校正后的分析结果＝120 mg/kg－120 mg/kg×30%＝84 mg/kg。标准规定的可迁移元素铅的最大限量要求为 90 mg/kg,因此该样品的铅元素含量符合标准要求。

这个例子中的保护带长度是测得值乘以校正系数,接受区间是容许区间再加上保护带,实际上是有保护带的拒绝,降低了错误拒绝的概率。这种方法省去了复杂的数据处理过程,易于合格评定机构使用(详见 CNAS-TRL-010—2019,例 8)。

### 示例 3-6

《车用汽油》(GB 17930—2016)规定硫含量不大于 10 mg/kg。实际检测时,硫含量测量结果的扩展不确定度 $U = 0.5$ mg/kg。某经营公司为了绝对保证所经营汽油在贸易和市场监管抽检中合格,即不发生任何误判,亦不承担任何风险,将其合格验收标准定为不大于 8 mg/kg,则此时保护带的 $w = 2$ mg/kg,$r = 4$。这就意味着风险全部转嫁给生产单位,它们不得不投入更大的脱硫成本。

# 第四章　油品化学检测不确定度评定实例

## 第一节　车用汽油中苯含量测量的不确定度评定

### 一、目　的

依据 SH/T 0713—2002《车用汽油和航空汽油中苯和甲苯含量测定法(气相色谱法)》,基于 GB/T 27411—2012《检测实验室中常用不确定度评定方法与表示》和 GB/T 27407—2010《实验室质量控制　利用统计质量保证和控制图技术评价分析测量系统的性能》中 Top-Down 方法统计原理,在期间精密度测量条件下,以汽油质控样品进行苯含量测定为例,评定苯含量测量结果的不确定度。

### 二、测量步骤

量取 1 mL 丁酮倒入 25 mL 容量瓶中,加入汽油样品至刻线并充分混合。然后用微量注射器吸取 2 μL 试样,以手动进样方式注入配有串联双柱的气相色谱仪。试样先通过甲基硅酮非极性色谱柱,组分按沸点顺序分离,待辛烷流出后,反吹非极性色谱柱,将沸点高于辛烷的组分反吹出去。辛烷及轻组分随后通过 1,2,3-三(2-氰基乙氧基)丙烷(TCEP)强极性色谱柱,分离芳烃和非芳烃化合物,流出的组分用火焰离子化检测器检测,记录苯和内标物(丁酮)的峰面积,用内标法计算苯含量。

### 三、测量数据的正态性检验

(1) 实验室根据 SH/T 0713—2002,由熟悉该气相色谱仪操作的 3 名检验员在 8 个月的时间内,在期间精密度测量条件下,按时间序列对汽油质控样品进行随机测量,共收集 20 组测量数据。

(2) 在期间精密度测量条件下,汽油质控样品的苯含量系列测量结果经正态性检验 $A^2 = 0.323\ 9$,汽油质控样品的苯含量平均值 $\bar{Y} = 0.793\ 8\%$(体积分数),标准偏差 $s(Y) = 0.019\ 1\%$(体积分数)。

(3) 已知精密度不随水平变化,利用公式(4-1)可计算出系列预处理结果 $I_i$,按测量时间序列汇总在表 4-1 中。

**表 4-1　期间精密度条件下汽油质控样品苯含量测量结果统计表**　　　　单位:%(体积分数)

| 序号 | 实测 $X_i$ | $MR_i$ | 升序 $I_i$ | $w_i$ | $p_i$ | $\ln p_i$ | $p_{n+1-i}$ | $\ln(1-p_{n+1-i})$ | $2i-1$ | $A_i$ |
|------|-----------|--------|-----------|-------|-------|-----------|-------------|--------------------|--------|-------|
| 1 | 0.794 0 | | 0.758 7 | −1.46 | 0.072 1 | −2.629 7 | 0.945 2 | −2.904 1 | 1 | −5.533 8 |
| 2 | 0.758 7 | 0.035 | 0.762 4 | −1.30 | 0.096 8 | −2.335 1 | 0.879 | −2.112 0 | 3 | −13.341 3 |
| 3 | 0.791 0 | 0.032 | 0.769 2 | −1.02 | 0.153 9 | −1.871 5 | 0.782 3 | −1.524 6 | 5 | −16.980 5 |
| 4 | 0.802 3 | 0.011 | 0.775 0 | −0.78 | 0.217 7 | −1.524 6 | 0.776 4 | −1.497 9 | 7 | −21.157 5 |
| 5 | 0.776 8 | 0.026 | 0.776 8 | −0.71 | 0.238 9 | −1.431 7 | 0.695 0 | −1.187 4 | 9 | −23.571 9 |
| 6 | 0.821 9 | 0.045 | 0.782 5 | −0.47 | 0.319 2 | −1.141 9 | 0.640 6 | −1.023 3 | 11 | −23.817 2 |
| 7 | 0.793 0 | 0.029 | 0.790 9 | −0.12 | 0.452 2 | −0.793 6 | 0.636 8 | −1.012 8 | 13 | −23.483 2 |
| 8 | 0.802 1 | 0.009 | 0.791 0 | −0.12 | 0.452 2 | −0.793 6 | 0.633 1 | −1.002 7 | 15 | −26.944 5 |
| 9 | 0.790 9 | 0.011 | 0.793 0 | −0.03 | 0.488 0 | −0.717 4 | 0.535 9 | −0.767 7 | 17 | −25.246 7 |
| 10 | 0.832 3 | 0.041 | 0.794 0 | 0.01 | 0.504 0 | −0.685 5 | 0.523 9 | −0.742 1 | 19 | −27.118 7 |
| 11 | 0.775 0 | 0.057 | 0.795 3 | 0.06 | 0.523 9 | −0.646 5 | 0.504 0 | −0.701 2 | 21 | −28.301 7 |
| 12 | 0.782 5 | 0.007 | 0.795 9 | 0.09 | 0.535 9 | −0.623 8 | 0.488 0 | −0.669 4 | 23 | −29.743 6 |
| 13 | 0.795 9 | 0.013 | 0.802 1 | 0.34 | 0.633 1 | −0.457 1 | 0.452 2 | −0.601 8 | 25 | −26.472 5 |
| 14 | 0.812 1 | 0.016 | 0.802 3 | 0.35 | 0.636 8 | −0.451 3 | 0.452 2 | −0.601 8 | 27 | −28.433 7 |
| 15 | 0.769 2 | 0.043 | 0.802 5 | 0.36 | 0.640 6 | −0.445 4 | 0.319 2 | −0.384 5 | 29 | −24.067 1 |
| 16 | 0.806 2 | 0.037 | 0.806 2 | 0.51 | 0.695 0 | −0.363 8 | 0.238 9 | −0.273 0 | 31 | −19.740 8 |
| 17 | 0.762 4 | 0.044 | 0.812 1 | 0.76 | 0.776 4 | −0.253 1 | 0.217 7 | −0.245 5 | 33 | −16.453 8 |
| 18 | 0.795 3 | 0.033 | 0.812 5 | 0.78 | 0.782 3 | −0.245 5 | 0.153 9 | −0.167 1 | 35 | −14.441 0 |
| 19 | 0.812 5 | 0.017 | 0.821 9 | 1.17 | 0.879 0 | −0.129 0 | 0.096 8 | −0.101 8 | 37 | −8.539 6 |
| 20 | 0.802 5 | 0.010 | 0.832 3 | 1.60 | 0.945 2 | −0.056 4 | 0.072 1 | −0.074 8 | 39 | −5.116 8 |
| 平均值 | 0.793 8 ($\bar{I}$) | 0.027 2 ($\overline{MR}$) | | | | | | | 求和 | −408.505 9 |
| 标准差 | 0.019 1 [$s(I_i)$] | 0.024 1 [$s(MR)$] | | | | | | | $A^{2*}(MR)$ | 0.443 6 |
| — | — | — | — | — | — | — | — | — | $A^{2*}(s)$ | 0.214 9 |

注:表中仅展示了按 $MR$ 式(极差式)计算的过程数据,省略按 $s$ 式(标准差式)计算的过程数据。

$$I_i = Y_i \tag{4-1}$$

式中　$I_i$——样品预处理结果,$i=1,2,\cdots,n$;

　　　$Y_i$——样品测量结果,$i=1,2,\cdots,n$。

(4)剔除系列预处理结果 $I_i$ 的离群结果,将 $I_i$ 排序成 $I_1 \leqslant I_2 \leqslant \cdots \leqslant I_n$,计算 $MR_i$ 和 $w_i$ 值,见表 4-1。

$$w_i = \frac{I_i - \bar{I}}{s(I_i)} \tag{4-2}$$

式中　$w_i$——$I_i$ 的标准化值；

　　　$\bar{I}$——$I_i$ 的平均值；

　　　$s(I_i)$——$I_i$ 的标准差,按贝塞尔公式求得。

当不存在自相关时,根据移动极差公式($MR$ 式):$MR_i = |I_{i+1} - I_i|$,求得移动极差 $MR_i$ 和移动极差平均值 $\overline{MR}$,然后根据公式 $\overline{MR} = 1.128 s_{R'}$,可得到期间精密度标准差 $s_{R'}$。表 4-1 中,$s(MR) = s_{R'}$。

(5)利用 GB/T 27407—2010 中的表 B.2 将标准化值 $w_i$ 换算成正态概率值 $p_i$。表 4-1 中的正态统计量 $A^2$ 和 $A^{2*}$ 统计来自式(4-3)和式(4-4)。

$$A^2 = -\frac{\sum_{i=1}^{n}(2i-1)\left[\ln p_i + \ln(1-p_{n+1-i})\right]}{n} - n \tag{4-3}$$

$$A^{2*} = A^2\left(1 + \frac{0.75}{n} + \frac{2.25}{n^2}\right) \tag{4-4}$$

式中　$A^{2*}$——正态统计量 $A^2$ 的修正值,按 $s$ 式计算时表示正态性的 $A^{2*}(s)$,按 $MR$ 式计算时表示独立性的 $A^{2*}(MR)$；

　　　$p_i$——正态概率值；

　　　$n$——测量次数。

(6)表 4-1 中,由 $s$ 式(标准差式)计算得到 $A^{2*}(s) = 0.2149$,由 $MR$ 式(极差式)计算得到 $A^{2*}(MR) = 0.4436$,$A^{2*}(s)$ 和 $A^{2*}(MR)$ 两者均小于 1.0,表明表 4-1 中系列测量结果的正态性和独立性的假定是可接受的。

## 四、质量控制图分析

### 1. 控制图及控制限

基于表 4-1 中的统计结果,建立了控制图($I$ 图和 $MR$ 图),如图 4-1 和图 4-2 所示。

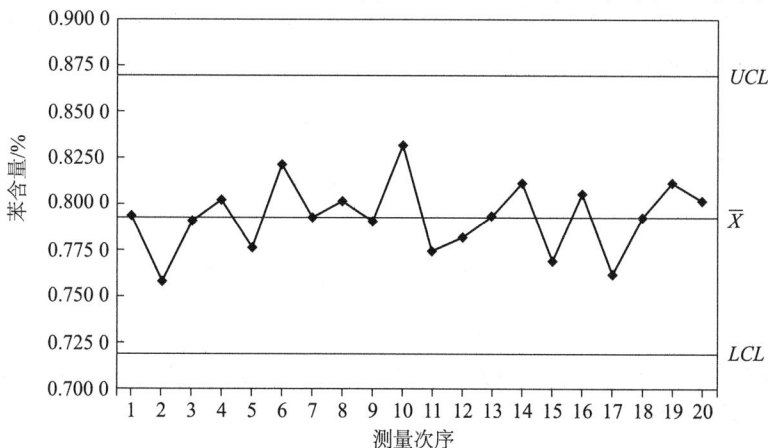

图 4-1　单值控制图($I$ 图)

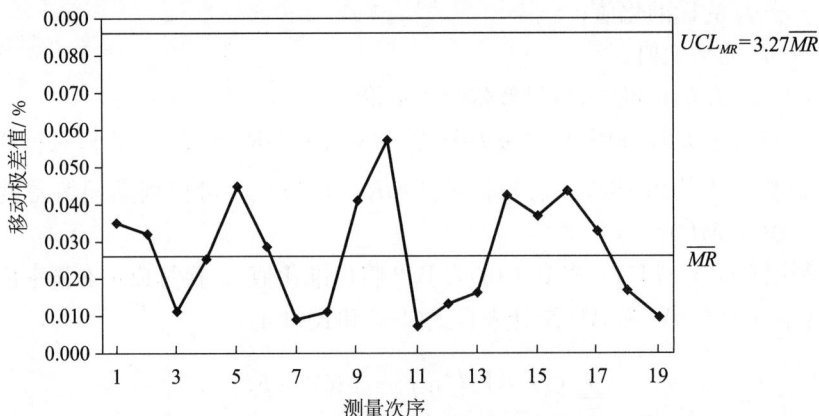

图 4-2　移动极差控制图（$MR$ 图）

由 $\overline{X}=0.793\ 8\%$，$\overline{MR}=0.027\ 2\%$ 计算得到单值控制图的控制限 $UCL$ 和 $LCL$、移动极差控制图的上限值 $UCL_{MR}$。

$$UCL=\overline{X}+2.66\ \overline{MR}=0.866\ 2\% \tag{4-5}$$

$$LCL=\overline{X}-2.66\ \overline{MR}=0.721\ 4\% \tag{4-6}$$

$$UCL_{MR}=3.27\ \overline{MR}=0.088\ 9\% \tag{4-7}$$

**2. 判断**

按照 GB/T 27411—2012 中规定的失控准则，上述图 4-1 和图 4-2 中的测量结果均未超出 $UCL$ 和 $LCL$，也没有出现可能发生变化的现象，表明测量系统仅受随机误差影响的数据假定成立。

**3. $t$ 检验及结论**

本检查样品通过 5 家实验室联合定值，假定均值 $\mu_0$ 为 $0.79\%$（体积分数），标准偏差为 $0.022\%$（体积分数）。

本次检验结果 $\overline{I}=0.793\ 8\%$，$s(I_i)=0.019\%$，$t$ 检验用于检查样品均值 $\overline{I}$ 是否与假定均值 $\mu_0$ 存在差异，可按下式计算：

$$t=\frac{|\overline{I}-\mu_0|}{\sqrt{\dfrac{s^2(I_i)}{n-1}+\dfrac{s^2(\overline{I})}{n'-1}}} \tag{4-8}$$

即

$$t=\frac{|0.793\ 8-0.79|}{\sqrt{\dfrac{0.019^2}{19}+\dfrac{0.022^2}{4}}}=0.321$$

根据 GB/T 27411—2010 中的表 B.3 查得 $t<t_{0.975}(23)=2.069$，表明检验结果 $\overline{I}$ 与假定均值 $\mu_0$ 不存在统计上的差异。

## 五、扩展不确定度的计算

由表 4-1 计算得到期间精密度标准差 $s_{R'}$，故在期间精密度测量条件下，取包含因子 $k=2$，计算扩展不确定度为：

$$U=2s_{R'}=2\times 0.024\ 1\%\approx 0.05\%（体积分数）\tag{4-9}$$

## 六、报告结果

$$苯含量\ X=(0.79\pm 0.05)\%（体积分数）\tag{4-10}$$
$$（包含因子\ k=2）$$

## 七、说明和应用

对汽油苯含量不确定度的评定合理性的补充说明如下：

根据 SH/T 0713—2002 中苯含量的精密度要求：重复性 $r=0.03\overline{X}+0.01$，再现性 $R=0.13\overline{X}+0.05$，可计算当汽油苯含量 $X$ 取 $0.79\%$（体积分数）时，重复性 $r=0.034\%$，再现性 $R=0.153\%$，重复性标准差 $s_r=r/2.83=0.012\%$，再现性标准差 $s_R=R/2.83=0.054\%$。本次汽油质控样品苯含量的期间精密度 $s_{R'}=0.024\%$，处于 $s_r$ 和 $s_R$ 之间，表明本次汽油苯含量不确定度的评定合理。

$A^{2*}(s)$ 和 $A^{2*}(MR)$ 的结果小于 1.0，表明在 $95\%$ 置信区间内实验数据可控性和独立性符合正态性假设。

# 第二节 电位滴定法测量润滑油中酸值的不确定度评定

## 一、目 的

依据 GB/T 7304—2014《石油产品酸值的测定 电位滴定法》方法 A，以润滑油中酸值的测定为例，评定酸值测定结果的不确定度。

## 二、测量步骤

将试样溶解在滴定溶剂中，以氢氧化钾-异丙醇标准溶液为滴定剂进行电位滴定，绘制电位（mV 值）对应滴定体积的电位滴定曲线，将电位突跃点作为终点。

具体步骤如下：将基准试剂邻苯二甲酸氢钾干燥至恒重，称取 0.100 0 g 溶于水中，用于标定氢氧化钾-异丙醇标准溶液。移取 125 mL 滴定溶剂（按 GB/T 7304—2014 第 11.1.6 条配制），用氢氧化钾-异丙醇标准溶液进行空白滴定。称取试样约 5 g，加入滴定溶剂，用氢氧化钾-异丙醇标准溶液滴定。酸值测量实验步骤如图 4-3 所示。

## 三、测量模型

电位滴定法测定石油产品酸值的测量模型如下：

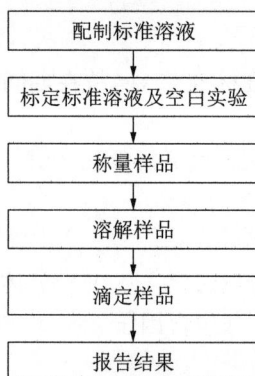

图 4-3　酸值测量实验步骤

$$TAN = \frac{(A-B)T \times 56.1}{W} \qquad (4\text{-}11)$$

式中　　$TAN$——酸值,以 KOH 计,mg/g;

$A$——滴定试样至拐点时消耗的氢氧化钾-异丙醇溶液的体积,mL;

$B$——滴定空白试剂消耗的氢氧化钾-异丙醇溶液的体积,mL;

$T$——氢氧化钾-异丙醇溶液的浓度,mol/L;

$W$——试样的质量,g。

## 四、不确定度来源的识别

按照方法要求,由随机效应引入的相对标准不确定度 $u_r(w_1)$ 和系统效应引入的相对标准不确定度 $u_r(w_2)$ 的因果关系如图 4-4 所示。

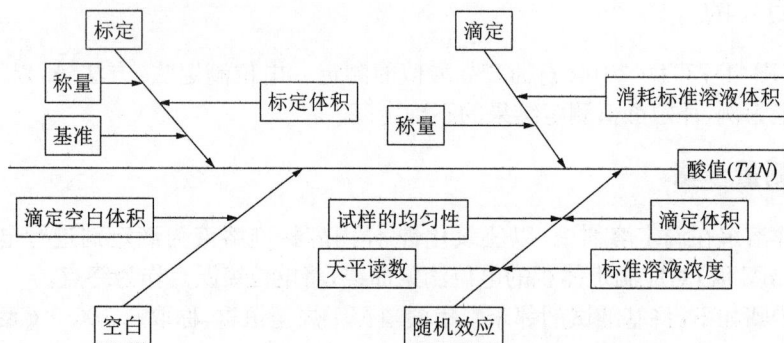

图 4-4　因果关系图

## 五、不确定度的评定

### 1. 标准不确定度的 A 类评定

由于随机效应引入的不确定度因素较多,所以本例采用联合样本标准差法计算,即取历年来 10 个同类分析数据平行测定的分析值 $x_1$ 和 $x_2$ 之差 $\Delta$,每次仅进行 2 次测量,用测量结果的极差统计单次测量的标准偏差 $s_n$,计算公式为:

$$s_n = \frac{\Delta_{\max} - \Delta_{\min}}{d_n} \tag{4-12}$$

式中 $\Delta_{\max}$——2 次测量值中的大者;

$\Delta_{\min}$——2 次测量值中的小者;

$d_n$——由极差计算标准偏差的系数。

测定 2 次取 $d_n = 1.13$,收集本实验室该类试样的分析数据,见表 4-2。

表 4-2 A 类不确定度

单位:mg KOH/g

| $n$ | 1 | 2 | 3 | 4 | 5 | 6 | 7 | 8 | 9 | 10 |
|---|---|---|---|---|---|---|---|---|---|---|
| $x_{1i}$ | 2.12 | 2.64 | 1.20 | 1.08 | 3.57 | 1.80 | 0.99 | 1.95 | 2.33 | 3.02 |
| $x_{2i}$ | 2.09 | 2.59 | 1.26 | 1.06 | 3.51 | 1.85 | 1.02 | 1.91 | 2.36 | 3.07 |
| $\Delta$ | 0.03 | 0.05 | 0.06 | 0.02 | 0.06 | 0.05 | 0.03 | 0.04 | 0.03 | 0.05 |
| $s_n$ | 0.026 | 0.044 | 0.053 | 0.018 | 0.053 | 0.044 | 0.026 | 0.035 | 0.026 | 0.044 |

本次标定结果及 2 次平行测定的结果见表 4-3。

表 4-3 标定及滴定结果

| 标 定 | 称样/g | 0.100 0 | | |
|---|---|---|---|---|
| | 三次标定结果/mL | 5.129 8 | 5.128 5 | 5.129 0 |
| | 滴定度 $T/(\text{mol} \cdot \text{L}^{-1})$ | 0.095 46 | 0.095 48 | 0.095 47 |
| | 滴定度平均值 $\overline{T}/(\text{mol} \cdot \text{L}^{-1})$ | 0.095 47 | | |
| 滴 定 | 空白/mL | 0.072 2 | | |
| | 测试结果/$(\text{mg KOH} \cdot \text{g}^{-1})$ | 1.41 | | 1.45 |
| | $\overline{x}/(\text{mg KOH} \cdot \text{g}^{-1})$ | 1.43 | | |

将表 4-2 中的数据 $s_n$ 合并成样品标准偏差,即

$$s_P = \sqrt{\frac{1}{n} \sum_{i=1}^{n} s_i^2} = 0.039$$

计算本次测定结果的相对标准不确定度为:

$$u_r(w_1) = \frac{s_P}{\sqrt{2}} / \overline{x} = 0.019$$

**2. 标准不确定度的 B 类评定**

1) 标定氢氧化钾-异丙醇溶液引起的相对标准不确定度 $u_r(T)$

用基准试剂邻苯二甲酸氢钾标定氢氧化钾-异丙醇溶液,滴定度按照式(4-13)计算。

$$T = \frac{m \times 1\,000}{204.22V} \tag{4-13}$$

式中 $T$——滴定度,mol/L;

$m$——邻苯二甲酸氢钾的质量,g;

$V$——消耗氢氧化钾-异丙醇溶液的体积,mL。

由式(4-13)可知,标定氢氧化钾-异丙醇溶液引起的不确定度主要来源于以下几个方面:

(1)邻苯二甲酸氢钾纯度引入的相对标准不确定度分量 $u_r(P_{基})$。

查邻苯二甲酸氢钾纯度基准物质证书可知,纯度 $P$ 为 $100\%$,扩展不确定度 $U(P)$ 为 $0.05\%$,取矩形分布,由此引入的相对标准不确定度分量为:

$$u_r(P_{基}) = \frac{\dfrac{U(P)}{\sqrt{3}}}{100\%} = \frac{0.05\%}{\sqrt{3}} = 0.000\ 29$$

(2)天平称量引入的相对标准不确定度分量 $u_r(m_{基})$。

天平称量的不确定度因素包括重复性测定、天平校准的扩展不确定度。重复性测定的影响在前文中体现。校准证书显示天平校准的扩展不确定度为 $0.2\ \text{mg}$,取矩形分布,由于天平一次作为容器空盘,一次作为毛重称量,所以由此得到天平称量引入的绝对不确定度为:

$$u(m_{基}) = \sqrt{2 \times \left(\frac{0.2}{\sqrt{3}}\right)^2}\ \text{mg} = 0.000\ 163\ \text{g}$$

由于称量时称取 $0.100\ 0\ \text{g}$,因此有:

$$u_r(m_{基}) = 0.163 \times 10^{-3}/0.100\ 0 = 0.001\ 63$$

(3)邻苯二甲酸氢钾摩尔质量引入的标准不确定度分量 $u_r(M_{基})$。

邻苯二甲酸氢钾($C_8H_5O_4K$)各组成元素的相对原子质量及其不确定度(从最新的 IUPAC 相对原子质量表查得)见表4-4。

表 4-4  邻苯二甲酸氢钾摩尔质量引入的不确定度

| 元　素 | 相对原子质量 | 不确定度 | 标准不确定度 |
|---|---|---|---|
| C | 12.010 7 | ±0.000 8 | 0.000 46 |
| H | 1.007 94 | ±0.000 07 | 0.000 040 |
| O | 15.999 4 | ±0.000 3 | 0.000 17 |
| K | 39.098 3 | ±0.000 1 | 0.000 058 |

对每个元素来说,其标准不确定度可按 IUPAC 给出的数值以矩形分布求得。将所给出的数值除以 $\sqrt{3}$ 可以得到其标准不确定度。邻苯二甲酸氢钾摩尔质量 $M_{基}$ 及其不确定度分别为:

$$M_{基} = (8 \times 12.010\ 7 + 5 \times 1.007\ 94 + 4 \times 15.999\ 4 + 39.098\ 3)\ \text{g/mol} = 204.221\ 2\ \text{g/mol}$$

$$u(M_{基}) = \sqrt{(8 \times 0.000\ 46)^2 + (5 \times 0.000\ 040)^2 + (4 \times 0.000\ 17)^2 + 0.000\ 058^2}\ \text{g/mol}$$
$$= 0.003\ 8\ \text{g/mol}$$

相对标准不确定度为:

$$u_r(M_{基}) = \frac{u(M_{基})}{M_{基}} = \frac{0.003\ 8}{204.221\ 2} = 1.9 \times 10^{-5}$$

（4）标定时消耗的氢氧化钾-异丙醇溶液体积引入的相对标准不确定度分量 $u_r(V_{基})$。

称取 3 份邻苯二甲酸氢钾进行标定，滴定采用 10 mL 容量的电位滴定仪。根据 ISO 8655-3，10 mL 容量的电位滴定仪的系统误差为 $\pm0.02$ mL，取矩形分布。三次滴定消耗的氢氧化钾-异丙醇溶液分别为 5.129 6 mL、5.128 5 mL、5.129 0 mL，取三次消耗的平均值 $\overline{V}$ 为 5.129 0 mL，由此可知：

$$u_r(V_{基}) = \frac{u(V_{基})}{\overline{V}} = \frac{0.02/\sqrt{3}}{5.129\ 0} = 0.002\ 2$$

因此，由标定氢氧化钾-异丙醇溶液引入的相对标准不确定度分量为：

$$u_r(T) = \sqrt{[u_r(P_{基})]^2 + [u_r(m_{基})]^2 + [u_r(M_{基})]^2 + [u_r(V_{基})]^2}$$
$$= \sqrt{0.000\ 29^2 + 0.001\ 63^2 + 0.000\ 019^2 + 0.002\ 2^2} = 0.002\ 8$$

2）样品称量引入的相对不确定度 $u_r(W)$

已知试样称样量平均值为 5.250 3 g，则天平称量试样引入的相对标准不确定度分量为：

$$u_r(W) = \frac{u(W)}{W} = \frac{0.000\ 163}{5.250\ 3} = 0.000\ 031$$

3）常数 56.1 引入的相对标准不确定度 $u_r(M_{KOH})$

常数 56.1 为 KOH 的相对分子质量，根据各元素的相对原子质量及其不确定度，取矩形分布。KOH 的摩尔质量 $M_{KOH}$ 及其不确定度分别为：

$$M_{KOH} = (39.098\ 3 + 15.999\ 4 + 1.007\ 94)\ \text{g/mol} = 56.105\ 64\ \text{g/mol}$$

$$u(M_{KOH}) = \sqrt{0.000\ 058^2 + 0.000\ 17^2 + 0.000\ 040^2}\ \text{g/mol} = 0.000\ 18\ \text{g/mol}$$

相对标准不确定度为：

$$u_r(M_{KOH}) = \frac{u(M_{KOH})}{M_{KOH}} = \frac{0.000\ 18}{56.105\ 64} = 3.2 \times 10^{-6}$$

4）氢氧化钾-异丙醇溶液的体积和空白溶液引入的相对标准不确定度 $u_r(A-B)$

（1）滴定样品消耗氢氧化钾-异丙醇溶液体积的平均值为 1.474 0 mL，可知 $u(A) = 0.02/\sqrt{3} = 0.011\ 5$ mL。

（2）滴定空白溶液消耗氢氧化钾-异丙醇溶液的体积为 0.072 2 mL，根据 ISO 8655-3，不大于 1 mL 容量的电位滴定仪的系统误差为 $\pm0.006$ mL，取矩形分布，则有 $u(B) = \frac{0.006}{\sqrt{3}} = 0.003\ 5$ mL。

（3）合成标准不确定度：

$$u(A-B) = \sqrt{[u(A)]^2 + [u(B)]^2} = \sqrt{0.011\ 5^2 + 0.003\ 5^2}\ \text{mL} = 0.012\ \text{mL}$$

$$u_r(A-B) = \frac{u(A-B)}{V} = \frac{0.012}{1.474\ 0 - 0.072\ 2} = 0.008\ 6$$

由于各分量不相关，所以由系统效应引入的相对标准不确定度分量 $u_r(w_2)$ 为：

$$u_r(w_2) = \sqrt{[u_r(T)]^2 + [u_r(W)]^2 + [u_r(M_{KOH})]^2 + [u_r(A-B)]^2}$$
$$= \sqrt{0.002\ 8^2 + 0.000\ 031^2 + 0.000\ 003\ 2^2 + 0.008\ 6^2} = 0.009\ 0$$

## 六、合成相对标准不确定度的计算

### 1. 合成相对不确定度

由于 $u_r(w_1)$ 和 $u_r(w_2)$ 彼此不相关,所以合成相对标准不确定度为:

$$u_{c,r}(w) = \sqrt{[u_r(w_1)]^2 + [u_r(w_2)]^2} = \sqrt{0.019^2 + 0.009\ 0^2} = 0.021$$

合成标准不确定度为:

$$u_c = \bar{x} u_{c,r}(w) = 1.43\ mg\ KOH/g \times 0.021 = 0.03\ mg\ KOH/g$$

通过上述计算可得到各不确定度分量和合成不确定度的量值,见表4-5。

**表4-5 酸值测量不确定度分量汇总表**

| 项　　目 | 相对标准不确定度 |
|---|---|
| 标准溶液液标定引入的相对标准不确定度[$u_r(T)$] | 0.002 8 |
| 样品称量引入的相对标准不确定度[$u_r(W)$] | 0.000 031 |
| 常数56.1引入的相对标准不确定度[$u_r(M_{KOH})$] | $3.2 \times 10^{-6}$ |
| 样品滴定体积引入的相对标准不确定度[$u_r(A-B)$] | 0.008 6 |
| 系统效应引入的相对标准不确定度[$u_r(w_2)$] | 0.009 0 |
| 随机效应引入的相对标准不确定度[$u_r(w_1)$] | 0.019 |
| 合成相对标准不确定度[$u_{c,r}(w)$] | 0.021 |
| 合成标准不确定度($u_c$) | 0.03 mg KOH/g |
| 扩展不确定度($U$) | 0.06 mg KOH/g |

### 2. 扩展不确定度的计算

本例中,取 $k=2$,包含概率为 $95\%$,计算扩展不确定度 $U$ 为:

$$U = k u_c = 2 \times 0.03\ mg\ KOH/g = 0.06\ mg\ KOH/g$$

## 七、报告结果

$$TAN = 1.43\ mg\ KOH/g \pm 0.06\ mg\ KOH/g$$
$$(包含因子\ k=2)$$

# 第三节　气相色谱法测量汽油中
# 苯含量的不确定度评定

## 一、目　的

依据 SH/T 0693—2000《汽油中芳烃含量测定法(气相色谱法)》,以气相色谱法测定汽油中的苯含量为例,评定苯含量测定结果的不确定度。

## 二、测量步骤

根据 SH/T 0693—2000 的分析要求,取 1 mL 内标物 2-己酮,加入已称重的 10 mL 容量瓶中,记录 2-己酮的净质量($W_s$);重新称量容量瓶,向容量瓶中加入 9 mL 待测样品,记录样品的净质量($W_g$);将样品完全混合均匀,进样分析,记录苯和内标物(2-己酮)的峰面积;计算面积比,采用工作曲线法计算样品中苯和内标物的质量比,再计算样品的苯含量。

汽油中苯含量测定流程如图 4-5 所示。

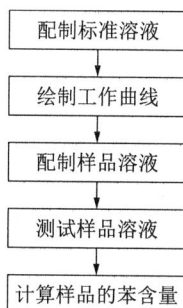

```
配制标准溶液
   ↓
绘制工作曲线
   ↓
配制样品溶液
   ↓
测试样品溶液
   ↓
计算样品的苯含量
```

图 4-5　汽油中苯含量测定流程

## 三、测量模型

汽油中苯含量的测量模型为:

$$\frac{W_i}{W_s} = \frac{\dfrac{A_i}{A_s} - b}{k} \tag{4-14}$$

令 $W = \dfrac{W_i}{W_s}$,$A = \dfrac{A_i}{A_s}$,则有:

$$W = \frac{A - b}{k} \tag{4-15}$$

汽油中苯含量为:

$$C = 100 \times \frac{W_i}{W_g} = \frac{100 W W_s}{W_g} \tag{4-16}$$

式中　$W_i$——试样中苯的质量,g;

　　　$W_s$——试样中内标物的质量,g;

　　　$W$　——苯、内标物的质量比;

　　　$A_i$——试样中苯的峰面积;

　　　$A_s$——试样中内标物的峰面积;

　　　$A$——响应面积比;

$b$——校正曲线的 Y 轴截距；

$k$——校正曲线的斜率；

$W_g$——试样中汽油的质量，g；

$C$——汽油中苯的质量分数，%。

## 四、不确定度来源的识别

根据测量模型，可分析出不确定度的主要来源有 3 个：

（1）试样中苯与内标物的质量比 $W$；

（2）内标物的质量 $W_s$；

（3）汽油的质量 $W_g$。

**1. 试样中苯与内标物的质量比 $W$**

试样中苯和内标物的质量比是通过工作曲线计算得到的，工作曲线直接影响检测结果的可靠性，因此作工作曲线时标样的准确度以及回归过程是不确定度的来源。所取样品的均匀性、样品溶液配制过程中内标物与样品的质量比、仪器的重复性等也是测定结果不确定度的来源，这些因素都标注在图 4-6 中 $W$ 的分支上。

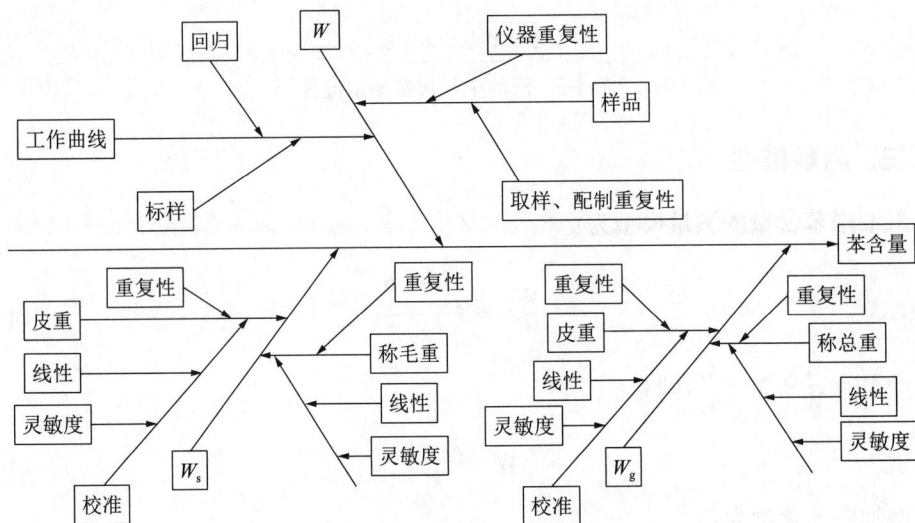

图 4-6　汽油中苯含量测定的细化不确定度来源因果图

**2. 内标物的质量 $W_s$ 和汽油的质量 $W_g$**

称量的不确定度来自天平校准产生的不确定度和称量的重复性。校准带来的不确定度又包括天平的线性和灵敏度。配样时分别称量内标物的质量（$W_s$）和汽油的质量（$W_g$）。一种物质称量时都要经 2 次独立称量（一次是皮重，一次是毛重），它们会分别带来不确定度。这些因素分别标注在图 4-6 中 $W_s$ 和 $W_g$ 的分支上。

**3. 合并简化不确定度来源**

本方法中，因为称量的范围很小，天平灵敏度带来的不确定度可以忽略不计。使用线性最小二乘法拟合曲线的前提是假设质量比（横坐标）的不确定度远小于峰面积（纵坐标）的不确定度，因此横坐标 $\dfrac{W_i}{W_s}$ 的不确定度可以忽略。由于本实验的 8 次重复实验是从称量配制样品开始，采用稳定的质控样品经 8 个月的时间，在期间精密度条件下进行的，所以实验中仪器的重复性、样品处理的重复性、称量的重复性等影响因素都可以合并到总的重复性标准不确定度分量中。最终将不确定度来源因果图简化成图 4-7 所示的形式。

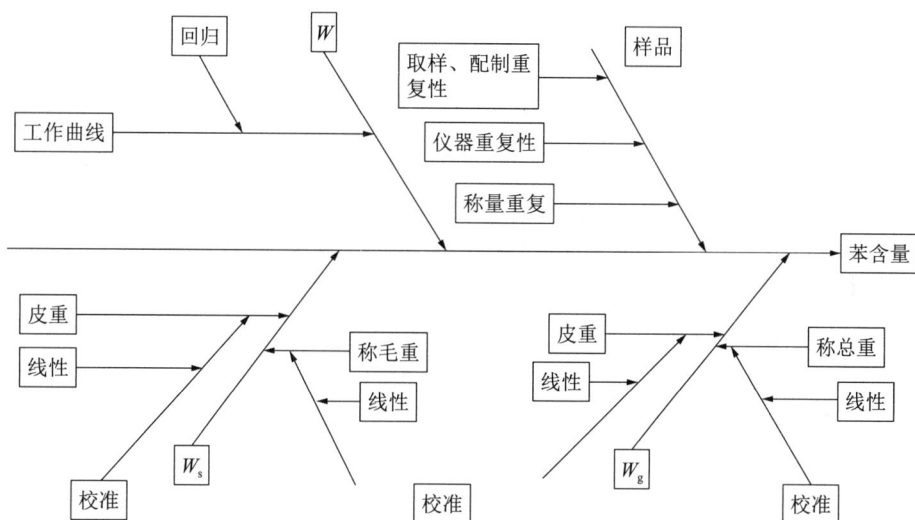

图 4-7　汽油中苯含量测定合并简化后的不确定度来源因果图

## 五、不确定度的评定

### 1. 标准不确定度的 A 类评定

1）$W$

每个标准样品分析 3 次。以苯与 2-己酮质量比 $\dfrac{W_i}{W_s}$ 为横坐标、响应面积比 $\dfrac{A_i}{A_s}$ 为纵坐标，用最小二乘法回归出校正曲线。

回归的不确定度为：

$$u(W)=\frac{s}{k}\sqrt{\frac{1}{p}+\frac{1}{n}+\frac{(W-\overline{W})^2}{(n-1)S_x^2}} \tag{4-17}$$

式中　$s$——回归的残余标准误差（残差）；

$k$——斜率；

$p$——样品的重复测量次数；

$n$——工作溶液总测量次数；

$W$——样品的苯、内标物质量比；

$\overline{W}$——所有工作溶液的苯、内标物质量比的平均值；

$S_x$——工作溶液的苯、内标物质量比的标准偏差。

利用 5 个工作溶液的数据计算以上参数，结果见表 4-6。

表 4-6　工作溶液的质量比与响应面积比数据表

| 序　号 | $W$ | $A$ | | | |
|---|---|---|---|---|---|
| | | 1 | 2 | 3 | 平均值 |
| 1 | 0.025 8 | 0.038 465 | 0.041 052 | 0.038 665 | 0.039 391 |
| 2 | 0.077 2 | 0.110 776 | 0.109 804 | 0.112 276 | 0.110 952 |
| 3 | 0.122 6 | 0.179 726 | 0.179 247 | 0.178 088 | 0.179 020 |
| 4 | 0.228 2 | 0.335 234 | 0.334 195 | 0.339 808 | 0.336 412 |
| 5 | 0.579 8 | 0.868 368 | 0.860 332 | 0.863 947 | 0.864 216 |

在 Excel 中，利用上述数据，通过数据分析程序可以得到回归曲线，结果见表 4-7。

表 4-7　测定汽油中苯含量线性最小二乘法拟合及统计结果

| | |
|---|---|
| 工作曲线的线性方程 | $W=\dfrac{A-b}{k}$ |
| 斜率 $k$ | 1.493 6 |
| 截距 $b$ | −0.002 754 |
| 回归的残余标准误差 $s$ | 0.003 069 |
| 相关系数 $r$ | 0.999 9 |
| 同一浓度样品的重复测量次数 $p$ | 3 |
| 工作曲线校准点总的测量次数 $n$ | 15 |
| 所有工作溶液的质量比的平均值 $\overline{W}$ | 0.206 7 |
| 工作溶液的质量比的标准偏差 $S_x$ | 0.205 1 |

样品分析：取 1 mL 2-己酮注入已称重的 10 mL 容量瓶中，记录 2-己酮的净质量 ($W_s$) 为 0.836 0 g，重新称量容量瓶，向容量瓶中加入 9 mL 样品，记录样品的净质量 ($W_g$) 为 6.428 5 g。采用与做标准样品同样的条件测得一个汽油样品的苯与内标物的响应面积比为 0.063 971（只测定一次）。

$$W=\frac{A-b}{k}=\frac{0.063\ 971+0.002\ 754}{1.493\ 6}=0.044\ 67$$

$$C=100\times\frac{W_i}{W_s}=\frac{100WW_s}{W_g}=\frac{100\times0.044\ 67\times0.836\ 0}{6.428\ 5}=0.581\%$$

将这些数据代入回归不确定度公式，得：

$$u(W)=\frac{s}{k}\sqrt{\frac{1}{p}+\frac{1}{n}+\frac{(W-\overline{W})^2}{(n-1)S_x^2}}$$

$$=\frac{0.003\ 069}{1.493\ 6}\sqrt{\frac{1}{3}+\frac{1}{15}+\frac{(0.044\ 67-0.206\ 7)^2}{14\times0.205\ 1^2}}$$

$$=0.002\ 17\%$$

2）期间精密度

每次均从称量配制样品、注入样品进行实验,用稳定的质控样品经过 8 个月的时间,得到 8 个期间精密度条件下的数据,计算标准偏差。具体数据见表 4-8。

由于日常实验时只进行单次测定,故 $u_r=s=0.011\ 7\%$。

表 4-8　期间精密度数据表

| 序　号 | 样品质量/g | 内标物质量/g | 苯含量(质量分数)/% |
|---|---|---|---|
| 1 | 7.223 6 | 0.875 9 | 0.57 |
| 2 | 6.759 3 | 0.851 2 | 0.57 |
| 3 | 6.789 8 | 0.869 3 | 0.55 |
| 4 | 6.808 9 | 0.872 7 | 0.58 |
| 5 | 6.798 0 | 0.865 3 | 0.55 |
| 6 | 7.224 2 | 0.883 7 | 0.55 |
| 7 | 6.765 4 | 0.841 9 | 0.56 |
| 8 | 6.782 2 | 0.833 2 | 0.57 |
| 平均值/% | — | — | 0.563 |
| 标准偏差/% | — | — | 0.011 7 |

**2. 标准不确定度的 B 类评定**

计算 $W_s$ 和 $W_g$ 的标准不确定度。

计量证书给出的最大允许误差为 $\pm 0.15$ mg(10 万分之一天平),这是扩展不确定度,要转变为标准不确定度,取矩形分布。

$$一次称量的标准不确定度 = \frac{0.15}{\sqrt{3}} \text{ mg} = 0.086\ 6 \text{ mg}$$

因为经过 2 次称量(一次皮重,一次毛重),所以有:

$$u(W_g) = \sqrt{0.086\ 6^2 + 0.086\ 6^2} \text{ mg} = 0.122 \text{ mg}$$

同理,$u(W_s) = 0.122$ mg。

# 六、合成标准不确定度的计算

汽油中苯含量为:

$$C = 100 W W_s / W_g$$

由于期间精密度样品的苯含量和所用样品的苯含量非常接近,所以可以认为它们的精密度相同,有:

$$\frac{u_c}{C} = \sqrt{\frac{u_r^2}{C^2} + \frac{[u(W)]^2}{W^2} + \frac{[u(W_s)]^2}{W_s^2} + \frac{[u(W_g)]^2}{W_g^2}}$$

$$= \sqrt{\frac{0.011\ 7^2}{0.581^2} + \frac{0.002\ 17^2}{0.044\ 67^2} + \frac{0.000\ 122^2}{0.836\ 0^2} + \frac{0.000\ 122^2}{6.428\ 5^2}}$$

$$= 0.052\ 6$$

$$u_c = C \times 0.052\,6 = 0.581\% \times 0.052\,6 = 0.030\,6\%$$

## 七、扩展不确定度的计算

在包含概率为 95%，$k=2$ 时，扩展不确定度为：

$$U = 2 \times 0.030\,6\% = 0.061\,2\% \approx 0.07\%$$

## 八、报告不确定度

在进行单次测定时，样品中苯含量为 0.58% 时，结果报告 $C = 0.58\% \pm 0.07\%$，包含因子 $k=2$。

## 九、讨　论

本例中，采用期间精密度条件下的数据代替了重复性条件下的数据，这是因为期间精密度条件下的数据更能代表实验室日常检测时的水平，因此可以更真实地反映实验室的真实不确定度。

# 第四节　高效液相色谱法测量柴油芳烃含量的不确定度评定

## 一、目　的

依据 SH/T 0806—2008《中间馏分芳烃含量的测定　示差折光检测器高效液相色谱法》，以液相色谱法测定柴油的芳烃含量为例，评定芳烃含量测定结果的不确定度。

## 二、测量步骤

（1）称量分别代表饱和烃、单环芳烃、双环芳烃以及三环$^+$芳烃的标准物质，置于 50 mL 的容量瓶中，再以正庚烷稀释至刻度。向高效液相色谱仪中进标准工作溶液 10 $\mu$L，记录色谱图，测量各个标准物质的峰面积。以浓度为横坐标，以面积为纵坐标，得到工作曲线。

（2）称量 0.9~1.1 g 试样，置于 10 mL 容量瓶中，用正庚烷稀释至刻度。进试样溶液 10 $\mu$L，记录色谱图，测量芳烃组分的峰面积。代入工作曲线，求得试样中单环芳烃、双环芳烃和三环$^+$芳烃的含量，将双环芳烃和三环$^+$芳烃的含量加和，得到多环芳烃含量。

测定流程如图 4-8 所示。

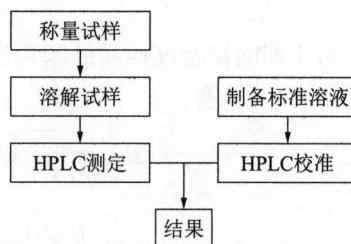

图 4-8　示差折光检测器高效液相色谱（HPLC）法测定中间馏分中的芳烃含量流程

### 三、测量模型

试样溶液中单环芳烃、双环芳烃和三环+芳烃的含量 $w$（质量分数）为：

$$w = \frac{C_0 V}{m} \times 100\% \tag{4-18}$$

式中　$C_0$——试样溶液中单环芳烃或双环芳烃或三环+芳烃的质量浓度，g/mL；

　　　$V$——试样溶液的体积，mL；

　　　$m$——试样的质量，g。

试样中多环芳烃含量＝双环芳烃含量＋三环+芳烃含量。

### 四、不确定度来源的识别

根据测量模型，可分析出不确定度的来源主要有 3 个方面：试样溶液中单环芳烃或双环芳烃或三环+芳烃的质量浓度 $C_0$、试样溶液的体积 $V$、试样的质量 $m$。

（1）试样溶液中单环芳烃或双环芳烃或三环+芳烃的质量浓度 $C_0$ 是通过工作曲线计算得到的，工作曲线直接影响检测结果的可靠性，因此作工作曲线时标样的准确度以及回归过程是不确定度的来源。标准工作溶液配制过程中的称量和稀释过程、仪器的重复性等是测定结果不确定度的来源，这些因素都标注在图 4-9 中的 $C_0$ 分支上。

（2）样品称量的不确定度来自天平校准产生的不确定度和称量的重复性。校准带来的不确定度又包括天平的线性和灵敏度。配样时，一种物质要经 2 次独立的称量（一次是皮重，一次是总重），它们都会分别带来不确定度。这些因素分别标注在图 4-9 中的 $m$ 分支上。

（3）样品溶液配制过程中的稀释过程的不确定度来自容量瓶校准的不确定度、温度的影响和读数的重复性。这些因素分别标注在图 4-9 中的 $V$ 分支上。

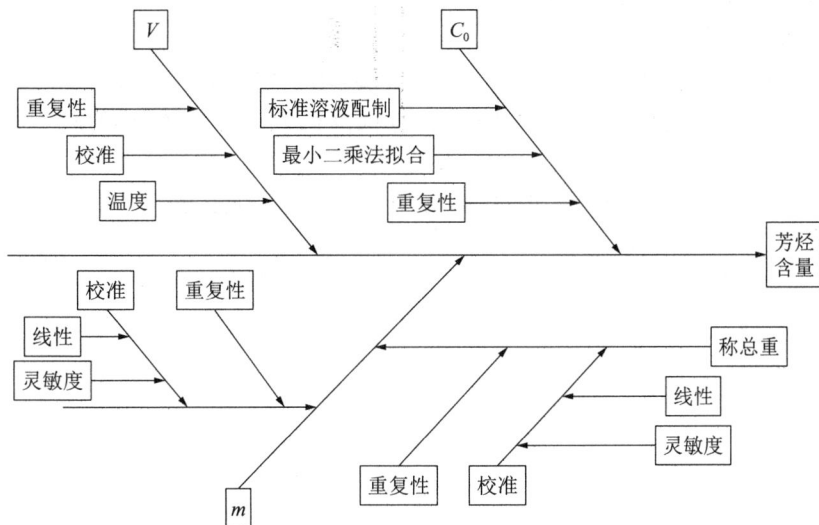

图 4-9　中间馏分中芳烃含量测定的不确定度来源初步因果图

（4）合并简化不确定度来源。

使用线性最小二乘法拟合 $C_0$ 的前提是假定横坐标的量的不确定度远小于纵坐标的量的不确定度，即标准工作溶液质量浓度的不确定度足够小，以至于可以忽略，因此通常 $C_0$ 的不确定度计算仅与色谱峰面积的不确定度有关，而与标准工作溶液浓度的不确定度无关。同时简化合并其他因素引入的不确定度，可得到简化的不确定度来源因果图如图 4-10 所示。

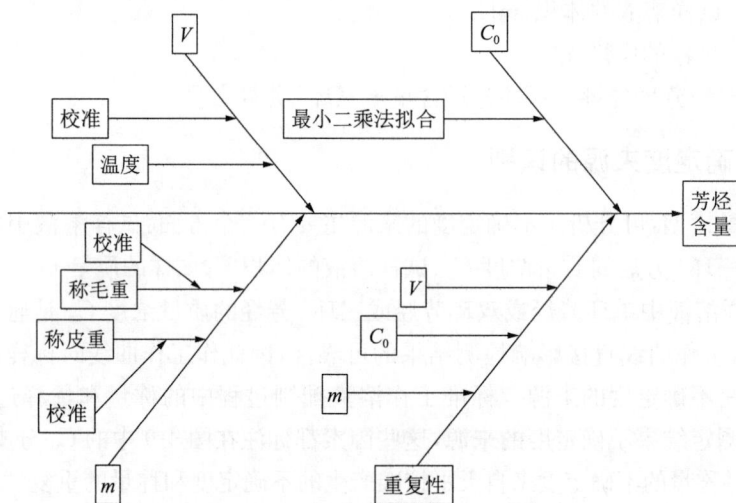

图 4-10　简化不确定度来源因果图

## 五、不确定度的评定

### 1. 标准不确定度的 A 类评定

1）期间精密度

每次均从称量配制样品、注入样品进行实验，用稳定的质控样品经过 9 个月的时间，得到 9 个期间精密度条件下的数据，计算标准偏差和标准不确定度，具体数据见表 4-9。

表 4-9　期间精密度数据及对应的不确定度分量

| 序　号 | 单环芳烃含量/% | 双环芳烃含量/% | 三环+芳烃含量/% |
|---|---|---|---|
| 1 | 21.4 | 3.48 | 0.92 |
| 2 | 23.1 | 3.96 | 0.83 |
| 3 | 21.5 | 3.75 | 0.76 |
| 4 | 23.4 | 4.14 | 0.85 |
| 5 | 22.2 | 3.38 | 0.90 |
| 6 | 23.3 | 3.69 | 0.84 |

| 序　号 | 单环芳烃含量/% | 双环芳烃含量/% | 三环$^+$芳烃含量/% |
|---|---|---|---|
| 7 | 23.1 | 3.39 | 0.73 |
| 8 | 22.3 | 4.03 | 0.84 |
| 9 | 23.4 | 3.75 | 0.79 |
| 平均值 $\overline{w}$/% | 22.6 | 3.73 | 0.829 |
| 标准偏差 $s(w)$/% | 0.802 | 0.296 | 0.063 7 |
| $u(w)$/% | 0.802 | 0.296 | 0.063 7 |
| $u_r(w)$ | 0.035 5 | 0.079 4 | 0.076 9 |

注:日常测试时每个样品测定 1 次,$u(w)=s(w)$,$u_r(w)=\dfrac{u(w)}{\overline{w}}$。

2)最小二乘法拟合$C_0$引入的不确定度$u_r(C_0)$

采用准确称量的单环、双环和三环$^+$芳烃的标准物质配制成 4 种质量浓度的标准工作溶液,每种溶液均用高效液相色谱仪测定 3 次,得到相应的峰面积 $A$,用最小二乘法拟合,得到直线方程 $A=a+bC$(其中 $a$ 为截距,$b$ 为斜率),见表 4-10。

表 4-10　各类芳烃最小二乘法拟合的线性关系

| 标准物质组分 | 质量浓度 $C$ /(g·mL$^{-1}$) | 峰面积 | | | 回归方程 |
|---|---|---|---|---|---|
| | | $A_1$ | $A_2$ | $A_3$ | |
| 邻二甲苯 (单环芳烃) | 0.000 966 | 64 202 | 63 697 | 64 371 | $A=6.54\times10^7C+$ 2 439.8 |
| | 0.003 172 | 206 594 | 209 939 | 209 825 | |
| | 0.010 426 | 687 609 | 687 425 | 689 005 | |
| | 0.040 388 | 2 655 822 | 2 648 028 | 2 627 877 | |
| 1-甲基萘 (双环芳烃) | 0.001 066 | 121 169 | 120 291 | 121 078 | $A=1.14\times10^8C+$ 2 341.9 |
| | 0.003 064 | 345 584 | 350 164 | 348 509 | |
| | 0.010 242 | 1 170 791 | 1 177 893 | 1 179 042 | |
| | 0.040 052 | 4 571 207 | 4 574 089 | 4 536 140 | |
| 菲 (三环$^+$芳烃) | 0.000 098 | 10 771 | 10 245 | 11 008 | $A=1.14\times10^8C+$ 5 293.4 |
| | 0.000 502 | 63 461 | 65 026 | 64 756 | |
| | 0.002 382 | 320 512 | 333 621 | 333 532 | |
| | 0.004 146 | 586 006 | 581 053 | 579 659 | |

由浓度-峰面积最小二乘法拟合求得试样溶液的质量浓度$C_0$,则$C_0$的标准不确定度为:

$$u(C_0)=\frac{s}{b}\sqrt{\frac{1}{p}+\frac{1}{n}+\frac{(C_0-\overline{C})^2}{(n-1)S_x^2}} \tag{4-19}$$

式中 $s$——回归的残余标准误差（残差）；

    $p$——样品的重复测量次数，本例中为 1；

    $n$——工作溶液总测量次数，$n=12$；

    $C_0$——试样溶液中单环芳烃或双环芳烃或三环$^+$芳烃的质量浓度，g/mL；

    $\overline{C}$——所有标准工作溶液中的单环芳烃或双环芳烃或三环$^+$芳烃的质量浓度平均值，g/mL；

    $S_x$——标准工作溶液的单环芳烃或双环芳烃或三环芳烃$^+$的质量浓度标准偏差 g/mL。

对一个质控样品溶液的数据计算结果见表 4-11。

**表 4-11　标准工作溶液最小二乘法拟合引入的不确定度**

| 芳烃类型 | $C_0/(g \cdot mL^{-1})$ | $\overline{C}/(g \cdot mL^{-1})$ | $s$ | $S_x/(g \cdot mL^{-1})$ | $u(C_0)/(g \cdot mL^{-1})$ | $u_r(C_0)$ |
|---|---|---|---|---|---|---|
| 单环芳烃 | 0.023 45 | 0.013 74 | 6 888.15 | 0.016 48 | 0.000 111 2 | 0.004 74 |
| 双环芳烃 | 0.003 749 | 0.013 61 | 10 844.33 | 0.016 34 | 0.000 100 5 | 0.026 81 |
| 三环$^+$芳烃 | 0.000 791 2 | 0.001 782 | 4 204.33 | 0.001 686 | $3.148\ 2 \times 10^{-5}$ | 0.039 8 |

**2. 标准不确定度的 B 类评定**

1）试样称量引入的相对不确定度 $u_r(m)$

实验时使用万分之一的电子分析天平，根据检定证书，天平的称量允许误差为 $\pm 0.001$ g，取均匀分布，则天平的标准不确定度为：

$$u(m) = \frac{0.001\ g}{\sqrt{3}} = 0.000\ 58\ g$$

由于用天平进行 2 次称样，因此称量的标准不确定度为：

$$u(m) = \sqrt{0.000\ 58^2 + 0.000\ 58^2}\ g = 0.000\ 820\ g$$

确定称样量为 1.045 9 g，则试样称量引入的相对标准不确定度为：

$$u_r(m) = 0.000\ 820/1.045\ 9 = 0.000\ 784$$

2）试样溶液定容引入的不确定度 $u_r(V)$

配制试样溶液使用的是 10 mL 容量瓶，其最大容量允许误差为 $\pm 0.02$ mL，根据三角分布，则体积校准产生的不确定度为：

$$u(V) = \frac{0.02\ mL}{\sqrt{6}} = 0.008\ 2\ mL$$

10 mL 容量瓶引入的相对标准不确定度为：

$$u_r(V) = \frac{0.008\ 2}{10} = 0.000\ 82$$

## 六、合成不确定度 $u_c(w)$ 和扩展不确定度 $U$ 的计算

相对合成不确定度的计算公式为：

$$u_{\mathrm{c,r}}(w) = \sqrt{[u_\mathrm{r}(C_0)]^2 + [u_\mathrm{r}(m)]^2 + [u_\mathrm{r}(V)]^2 + [u_{\mathrm{A,r}}(w)]^2} \tag{4-20}$$

合成不确定度的计算公式为：

$$u_\mathrm{c}(w) = \overline{w}u_{\mathrm{c,r}}(w) \tag{4-21}$$

在包含概率为 $95\%$、包含因子 $k=2$ 情况下的扩展不确定度为：

$$U = 2u_\mathrm{c}(w) \tag{4-22}$$

按以上公式计算的样品中单环芳烃、双环芳烃以及三环$^+$芳烃的不确定度的结果见表 4-12。

表 4-12　样品中单环、双环以及三环$^+$芳烃的不确定度

| 芳烃类型 | $\overline{w}/\%$ | $u_{\mathrm{c,r}}(w)$ | $u_\mathrm{c}/\%$ | $U/\%$ |
|---|---|---|---|---|
| 单环芳烃 | 23.4 | 0.035 8 | 0.838 | 1.7 |
| 双环芳烃 | 3.8 | 0.083 8 | 0.318 | 0.64 |
| 三环$^+$芳烃 | 0.8 | 0.086 6 | 0.069 | 0.14 |
| 多环芳烃 | 4.6 | — | 0.326 | 0.65 |

注：多环芳烃不确定度 $u = \sqrt{(u_{二环})^2 + (u_{三环^+})^2}$。

## 七、报告不确定度

在进行单次测定时,取包含因子 $k=2$,则样品结果报告为：

单环芳烃$=23.4\% \pm 1.7\%$。

双环芳烃$=3.8\% \pm 0.64\%$。对外出具报告时,双环芳烃$=3.8\% \pm 0.7\%$。

三环芳烃$=0.8\% \pm 0.14\%$。对外出具报告时,三环芳烃$=0.8\% \pm 0.2\%$。

多环芳烃$=4.6\% \pm 0.65\%$。对外出具报告时,多环芳烃$=4.6\% \pm 0.7\%$。

## 八、讨　论

本例中,采用期间精密度条件下的数据代替了重复性条件下的数据,这是因为期间精密度条件下的数据更能代表实验室日常检测时的水平,因此可以更真实地反映实验室的真实不确定度。

# 第五节　原油硫含量测量的不确定度评定

## 一、目　的

依据 GB/T 17040—2019《石油和石油产品硫含量的测定　能量色散 X 射线荧光光谱法》,测定一个原油样品的硫含量,评定测定结果的不确定度。

## 二、测量步骤

将试样置于从 X 射线源发射出来的射线束中,测量激发出来能量为 2.3 keV 的

硫 $K\alpha$ 特征 X 射线强度，并将累积的平均计数率与预先制备好的标准样品的计数率进行对比，从而获得用质量分数表示的硫含量。表 4-13 与表 4-14 为不同原油的测定结果。

将试样装入样品盒中，试样量约占样品盒的 75%。如果试样黏稠，则在装入样品盒前应先加热。应保证窗口和液体之间没有气泡。对于硫含量小于 100 mg/kg 的试样，应进行重复测定。

原油硫含量测定流程如图 4-11 所示。

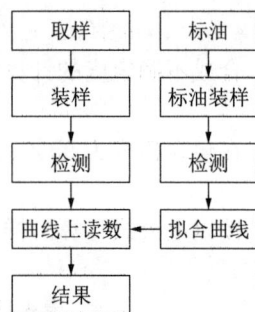

图 4-11　原油硫含量测定流程

**表 4-13　测定结果**

| 样　品 | $w/\%$ |
|---|---|
| 编号 0072 原油 | 3.329 |

### 三、测量模型

石油产品硫含量 $w_x$ 的测量模型如下：

$$w_x = w \tag{4-23}$$

式中　$w$——校准曲线上自动计算出的试样中的硫含量，%。

### 四、不确定度来源的识别

按照方法要求，A 类不确定度包括取样的均匀性和代表性、盛装样品的一致性、样品盒覆膜的平整性、测试设备的计数偏差及温度稳定性等其他一些随机性因素。B 类不确定度包括校准曲线等方面。图 4-12 的因果图详细标明了硫含量测定不确定度的有关来源。

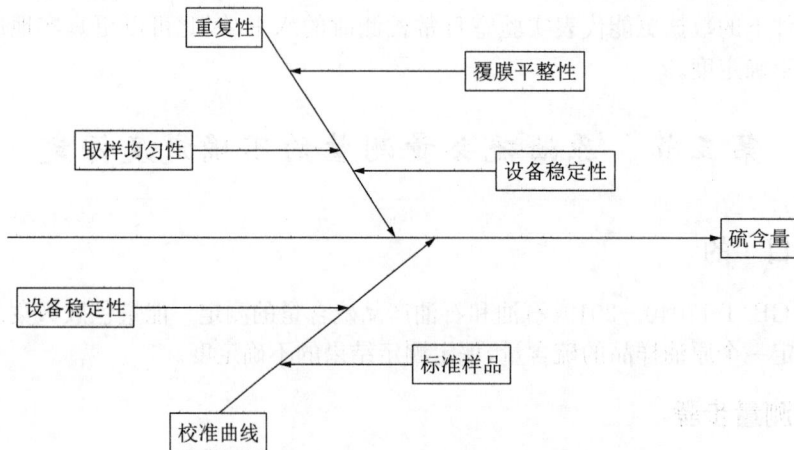

图 4-12　硫含量测定的不确定度来源因果图

## 五、不确定度的评定

### 1. 标准不确定度的 A 类评定

测定两批典型硫含量的原油(编号 0069 原油和编号 0065 原油),在相同条件下连续进行 10 次重复测量,结果见表 4-14。

**表 4-14　硫含量重复性测量数据**　　　　　　　　　　　　　　单位:%

| 次　数 | 1 | 2 | 3 | 4 | 5 | 6 | 7 | 8 | 9 | 10 |
|---|---|---|---|---|---|---|---|---|---|---|
| 编号 0069 原油 | 0.567 | 0.566 | 0.572 | 0.569 | 0.568 | 0.571 | 0.572 | 0.572 | 0.566 | 0.564 |
| 编号 0065 原油 | 1.061 | 1.063 | 1.061 | 1.070 | 1.074 | 1.066 | 1.063 | 1.066 | 1.051 | 1.063 |

采用合并样本标准偏差的方法计算重复性引入的不确定度分量。由于测量了 2 个样品,且每个样品测量 10 次,因此有:

$$u_A(w_i) = \sqrt{\dfrac{\sum\limits_{j=1}^{m} \nu_j s_j^2}{\sum\limits_{j=1}^{m} \nu_j}} = 0.004\ 782\% \tag{4-24}$$

根据 GB/T 17040—2019 的要求,硫含量大于 100 mg/kg 的样品可以测量一次作为结果,即 $u_A(\overline{w}) = u_A(w_i) = 0.004\ 782\%$。

### 2. 标准不确定度的 B 类评定

B 类标准不确定度即线性最小二乘法校准引入的不确定度分量。标准系列数据见表 4-15。

**表 4-15　标准曲线的不确定度**

| 校准系列 | 硫含量 $w$(质量分数)% | 响应值 $A$ |
|---|---|---|
| 1 | 0.100 | 1 075 |
| 2 | 0.200 | 1 551 |
| 3 | 0.500 | 2 956 |
| 4 | 0.750 | 4 060 |
| 5 | 1.000 | 5 136 |
| 6 | 2.000 | 9 181 |
| 7 | 3.000 | 12 825 |
| 8 | 4.000 | 16 073 |
| 9 | 5.000 | 18 986 |

校准曲线为:

$$A = aw + b$$

式中　$w$——硫标准样品的含量(质量分数),%;

　　　$A$——测量所得硫含量响应值;

$a$——回归方程斜率；

$b$——回归方程截距。

经拟合,校准曲线截距 $b=1\ 183.2$,斜率 $a=3\ 697.54$,相关系数 $R^2=0.995\ 4$。

线性最小二乘法校准引入的不确定度为：

$$u_B(w)=\frac{s}{a}\sqrt{\frac{1}{p}+\frac{1}{n}+\frac{(w-\overline{w})^2}{S_{xx}}} \tag{4-25}$$

$$s=\sqrt{\frac{\sum\limits_{i=1}^{n}\left[A_i-(aw_i+b)\right]^2}{n-2}} \tag{4-26}$$

$$S_{xx}=\sum_{i=1}^{n}(w_i-\overline{w})^2 \tag{4-27}$$

式中　　$s$——回归的残余标准误差；

$a$——斜率；

$p$——被测样品的测量次数,本例为1；

$n$——工作曲线的校准点测量次数,本例为 $9\times1=9$；

$w$——样品含量；

$\overline{w}$——所用标准样品含量的平均值；

$w_i$——第 $i$ 个标准样品的含量。

将表 4-13 中的样品结果代入式(4-25)计算得：

$$u_B(w)=\frac{476.919\ 4}{3\ 697.54}\sqrt{\frac{1}{1}+\frac{1}{9}+\frac{(w-1.84)^2}{25.428\ 9}}$$

$$=0.141\ 3\%$$

**3. 合成标准不确定度和扩展不确定度的计算**

合成标准不确定度的计算公式为：

$$u_c=\sqrt{u_A^2+u_B^2}=0.141\ 4\%$$

在包含概率为 95%,扩展因子 $k=2$ 的情况下,扩展不确定度为：

$$U=2\times u_c=0.282\ 8=0.28\%$$

## 六、报告不确定度

$$w_x=(3.33\pm0.28)\% \quad (包含因子\ k=2)$$

## 七、不确定度的应用

从评定过程可以看出,B 类不确定度是主要的贡献,因此检测质量改进的主要方向是采取增加标准油样测量次数、调整标准油样浓度、使样品值和平均值接近等优化标准曲线的措施。由于标准曲线的变动性主要反映仪器的变动性,因此进一步优化仪器操作参数也是要考虑的改进方向,这同时也会降低 A 类不确定度。

## 第六节　燃料油中硫化氢含量测量的不确定度评定

### 一、目　的

依据 GB/T 34101—2017《燃料油中硫化氢含量的测定　快速液相萃取法》中的方法 A,以燃料油中的硫化氢含量测定为例,评定测定结果的不确定度。

### 二、测量步骤

将试样溶解于基础油中,向其通入空气,提取硫化氢气体,使气体经过气相处理器吸附硫醇和烷基硫化物,避免干扰,最后通过特定的电化学检测器测量并计算出硫化氢的含量。

测定流程如图 4-13 所示。

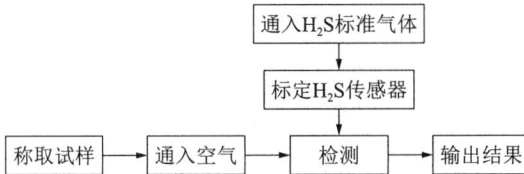

图 4-13　燃料油中硫化氢含量测定流程

### 三、测量模型

(1) 快速液相萃取法测定燃料油中硫化氢含量 $X(H_2S)$ 的测量模型如下:

$$X(H_2S) = \frac{AM}{m} \tag{4-28}$$

式中　$A$——测试时间内输出的积分面积,$mV \cdot s$;

　　　$M$——检测器校准常数,$\mu g/(mV \cdot s)$;

　　　$m$——试样质量,g。

(2) 由于检测结果可直接读出,积分面积 $A$ 和检测器校准常数 $M$ 未知,所以需要对测量模型进行推算。根据 GB/T 34101—2017 第 10.3 条的要求,测试仪器的硫化氢传感器已通过仪器制造商校准,实验室只需定期用标准气体对传感器进行校验即可。使用 25 ppm(mol/mol)=38.036 $mg/m^3$ 的硫化氢标准气体与硫化氢含量为 0 的空气进行线性校验,其线性关系为:

$$C = av + b \tag{4-29}$$

式中　$C$——测量的瞬时质量浓度,$mg/m^3$;

　　　$a$——斜率,$mg/(mV \cdot m^3)$;

　　　$b$——截距,$mg/m^3$;

$v$——传感器的电信号值，mV。

（3）样品测量时，干燥空气载着 $H_2S$ 气体进入 $H_2S$ 传感器，由于气体浓度的不均匀，传感器输出电压会发生变化，显示不同的瞬时质量浓度值，并呈正态分布。仪器对 $H_2S$ 传感器的信号进行记录并积分，由于曲线上的每一点均符合曲线公式，所以 $C_t = av_t + b$，在 2 次间隔时间 $dt$ 内，积分面积 $A_t = C_t dt = (av_t + b)dt$。根据仪器制造商提供的数据，仪器每秒读取 10 次数据，取平均值进行积分，即在标准规定的 15 min 内读取 $15 \times 60 \times 10 = 9\,000$ 次，则 $N = \dfrac{9\,000}{dt}$，9 000 次读数的总积分面积为：

$$A = \sum A_t = \sum C_t dt = \int_0^t (av_t + b)dt = a \int_0^t v_t dt + bt \tag{4-30}$$

在 $dt$ 时间内通过检测器的 $H_2S$ 气体体积为 $ldt$，其中 $l$ 为气体流量，则在 $dt$ 时间内 $H_2S$ 气体的质量为：

$$m_t(H_2S) = C_t l dt \tag{4-31}$$

$$m(H_2S) = \sum A_t l = \sum C_t l dt = la \int_0^t v_t dt + blt \tag{4-32}$$

当称样量为 $m$ 时，样品中 $H_2S$ 的含量（质量分数）为：

$$X(H_2S) = \frac{m(H_2S)}{m} = \frac{al}{m} \int_0^t v_t dt + \frac{blt}{m} \text{(mg/kg)} \tag{4-33}$$

GB/T 34101—2017 要求积分时间为 15 min，即 $t = 900$ s，代入式（4-33）得：

$$X(H_2S) = \frac{m(H_2S)}{m} \times 1\,000 = \left( \frac{al}{m} \int_0^{900} v_t dt + \frac{blt}{m} \right) \times 1\,000 \text{ mg/kg} \tag{4-34}$$

式中　$a,b$——每次对 $H_2S$ 传感器校验的斜率和截距；

　　　$l$——$H_2S$ 的流量，$m^3/s$；

　　　$m$——试样的质量，g。

## 四、不确定度来源的识别

图 4-14 列出了各个 $H_2S$ 含量测定不确定度分量的来源。

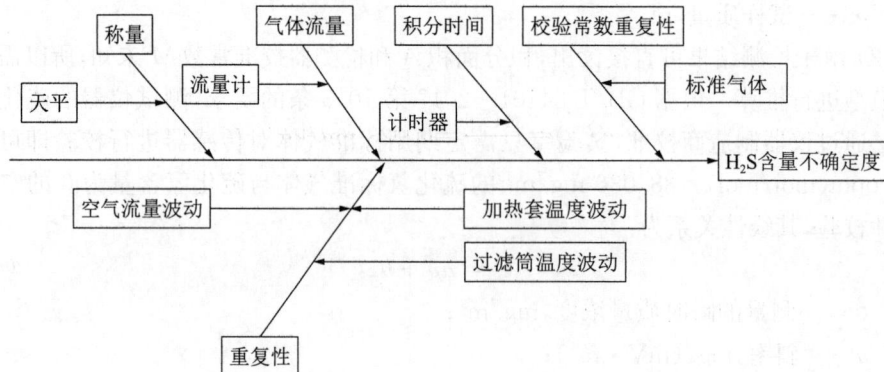

图 4-14　硫化氢含量测定的不确定度来源因果图

## 五、不确定度的评定

### 1. 标准不确定度的 A 类评定

（1）传感器校验常数 $a$ 和 $b$ 重复测量的标准不确定度。

在重复条件下，用 25 μL/L 的 $H_2S$ 标准气体重复校验 $H_2S$ 传感器。由于 $H_2S$ 标准气体昂贵，本次对 $H_2S$ 传感器仅独立校验 5 次，根据式（4-29），以相应值 $v$ 作为横坐标，以 $H_2S$ 含量作为纵坐标进行回归分析（见表 4-16）。

表 4-16　动态校验数据

| 序　　号 | 质量浓度 $C/(mg \cdot m^{-3})$ | 读数 $v/mV$ | 质量浓度 $C/(mg \cdot m^{-3})$ | 读数 $v/mV$ |
|---|---|---|---|---|
| 1 | 0 | 329.4 | 38.036 | 1 017.8 |
| 2 | 0 | 329.1 | 38.036 | 1 016.2 |
| 3 | 0 | 328.9 | 38.036 | 1 016.7 |
| 4 | 0 | 329.0 | 38.036 | 1 015.6 |
| 5 | 0 | 329.2 | 38.036 | 1 015.6 |
| $a$ | 0.055 3 | | | |
| $b$ | -18.215 0 | | | |
| $s_a$ | $3.38 \times 10^{-5}$ | | | |
| $s_b$ | 0.025 5 | | | |

（2）对同一试样，从取样开始重复独立测量 10 次，测量结果及标准偏差见表 4-17。

表 4-17　样品测量结果

| 序　　号 | 1 | 2 | 3 | 4 | 5 | 6 | 7 | 8 | 9 | 10 |
|---|---|---|---|---|---|---|---|---|---|---|
| 称样量/g | 5.026 | 5.160 | 4.997 | 4.863 | 5.328 | 5.221 | 5.097 | 5.034 | 4.822 | 5.119 |
| 平均值/g | 5.067 | | | | | | | | | |
| 测量结果 /$(mg \cdot kg^{-1})$ | 1.452 | 1.463 | 1.429 | 1.389 | 1.298 | 1.405 | 1.493 | 1.502 | 1.514 | 1.336 |
| 平均值/$(mg \cdot kg^{-1})$ | 1.428 | | | | | | | | | |
| $s(C_i)$ | 0.071 7 | | | | | | | | | |

测量结果平均值的重复测量的标准不确定度为：

$$u(C_1) = \frac{s(C_i)}{\sqrt{10}} = 0.023 \ mg/kg$$

### 2. 标准不确定度的 B 类评定

1）样品称量引入的标准不确定度 $u(m)$

根据校准证书，用于称量燃料油质量的天平的最大允许误差为 2 mg，该分量为矩形分布，换算成标准不确定度为：

$$\frac{2 \ mg}{\sqrt{3}} = 1.15 \ mg$$

应重复计算 2 次，一次是取样器和样品的质量，一次是取完样后空取样器的质量，产生的不确定度 $u(m)$ 为：

$$u(m)=\sqrt{2\times1.15^2}\text{ mg}=1.63\text{ mg}=0.001\,63\text{ g}$$

2）气体流量的标准不确定度 $u(l)$

根据标准要求，流量计的最大流量为 $(375\pm55)$ mL/min，即 $(6.25\times10^{-6}\pm9.17\times10^{-7})$ m³/s，呈均匀分布，$k=\sqrt{3}$，则有：

$$u(l)=\frac{9.17\times10^{-7}}{\sqrt{3}}\text{ m}^3/\text{s}=5.29\times10^{-7}\text{ m}^3/\text{s}$$

3）积分时间的标准不确定度 $u(t)$

根据标准要求，积分时间为 15 min，在实际测试过程中，从测试开始通入空气直到检测结束，15 min 的检测时间足以将样品中的 $H_2S$ 赶进 $H_2S$ 传感器并检测完毕，因此，积分时间的不确定度可以忽略，但校验和测量的时间应严格控制一致。

## 六、灵敏系数的计算

由测量模型式(4-34)分别对 $a$、$b$、$l$、$m$ 求偏导计算灵敏系数，令积分值 $\int_0^{900}v_t\mathrm{d}t=B$，则有：

$$X(\mathrm{H_2S})=f(a,b,l,m,t,B)=\left(\frac{al}{m}B+\frac{blt}{m}\right)\times1\,000\text{ mg/kg}$$

因此，根据表 4-16、表 4-17 计算 $B$ 为：

$$B=\frac{\dfrac{X}{1\,000}-\dfrac{blt}{m}}{\dfrac{al}{m}}=\frac{\dfrac{1.428}{1\,000}-\dfrac{-18.215\,0\times6.25\times10^{-6}\times900}{5.067}}{0.055\,3\times6.25\times10^{-6}/5.067}=317\,381.7$$

由于仪器积分间隔较小，每秒积分 10 次，其误差可以忽略，因此在此不计算 B 的灵敏系数。

$$\frac{\partial f}{\partial a}=\frac{lB}{m}=\frac{6.25\times10^{-6}\times317\,381.7}{5.067}\times1\,000=391.5$$

$$\frac{\partial f}{\partial b}=\frac{lt}{m}=\frac{6.25\times10^{-6}\times900}{5.067}\times1\,000=1.110$$

$$\frac{\partial f}{\partial l}=\left(\frac{aB}{m}+\frac{bt}{m}\right)\times1\,000=\left(\frac{0.055\,3\times317\,381.7}{5.067}+\frac{-18.215\,0\times900}{5.067}\right)\times1\,000=228\,480$$

$$\frac{\partial f}{\partial m}=\left(-\frac{alB}{m^2}-\frac{blt}{m^2}\right)\times1\,000$$

$$=\left(-\frac{0.055\,3\times6.25\times10^{-6}\times317\,381.7}{5.067^2}-\frac{-18.215\,0\times6.25\times10^{-6}\times900}{5.067^2}\right)\times1\,000$$

$$=-0.282$$

### 七、合成标准不确定度和扩展不确定度的计算

**1. 合成不确定度的计算**

$$u_c = \sqrt{u(C_1)^2 + \left(\frac{\partial f}{\partial a}\right)^2 [u(a)]^2 + \left(\frac{\partial f}{\partial b}\right)^2 [u(b)]^2 + \left(\frac{\partial f}{\partial l}\right)^2 [u(l)]^2 + \left(\frac{\partial f}{\partial m}\right)^2 [u(m)]^2}$$

$$= \sqrt{0.023^2 + 391.5^2 \times (3.38 \times 10^{-5})^2 + 1.110^2 \times 0.025\,5^2 + 228\,480^2 \times (5.29 \times 10^{-7})^2 + (-0.282)^2 \times 0.001\,63^2} \text{ mg/kg}$$

$$= 0.13 \text{ mg/kg}$$

**2. 扩展不确定度的计算**

本例中,取 $k=2$,计算扩展不确定度为:

$$U = ku_c = 2 \times 0.13 \text{ mg/kg} = 0.26 \text{ mg/kg}$$

### 八、报告结果

取测定结果的平均值进行报告,结果修约至小数点后两位,即

$$硫化氢含量\ X(H_2S) = 1.43 \text{ mg/kg} \pm 0.26 \text{ mg/kg}$$

$$(包含因子\ k=2)$$

### 九、不确定度的应用

从各分量(表 4-18)对不确定度的贡献来看,气体流量的不确定度贡献最大,改进的测量措施主要是控制气体流量的稳定性。

**表 4-18　硫化氢含量测量不确定度分量汇总表**

| 项　目 | 贡献(灵敏系数和不确定度乘积的绝对值的平方) |
|---|---|
| 校验常数 $a$ | 0.000 175 104 |
| 校验常数 $b$ | 0.000 801 173 |
| 样品称量 | $2.112\,87 \times 10^{-7}$ |
| 气体流量 | 0.014 608 571 |
| 重复测量 | 0.000 529 |
| 合成不确定度 $u_c$ | 0.13 mg/kg |
| 扩展不确定度 $U$ | 0.26 mg/kg |

# 第七节　残渣燃料油中元素含量测量的不确定度评定

## 一、目　的

依据《残渣燃料油中铝、硅、钒、镍、铁、钠的测定(ICP-AES 法)》(IP 501),对残渣燃料油中的钒、镍含量进行测定并评定其不确定度。

## 二、测量步骤

称取适量均匀的样品到铂金坩埚中,放在电炉上加热,点燃燃烧。燃烧完毕后,将其置于 525 ℃±25 ℃的马弗炉中直至炭被除去,只剩下灰分。取出坩埚冷却至室温,加 0.4 g 助熔剂混匀,在 925 ℃±25 ℃的马弗炉中加热 15 min。取出坩埚冷却至室温,加 50 mL 酒石酸-盐酸,置于电热板上维持在合适的温度下确保溶液不沸腾,直至晶体全部溶解。将溶液冷却后转移至 100 mL 容量瓶中定容,注意用水多次清洗坩埚,以确保完全转移。将定容后的待测样品用电感耦合等离子体原子发射光谱法(ICP-AES)测定金属元素含量。

对编号 0907 的残渣燃料油进行钒、镍含量测定,具体结果见表 4-19。

**表 4-19　残渣燃料油中钒、镍含量测定结果**

| 样品 | 称样量/g | 钒(V) | | | | 镍(Ni) | | | |
|---|---|---|---|---|---|---|---|---|---|
| | | 净强度 | 平均净强度 | 质量浓度/(mg·L$^{-1}$) | 含量/(mg·kg$^{-1}$) | 净强度 | 平均净强度 | 质量浓度/(mg·L$^{-1}$) | 含量/(mg·kg$^{-1}$) |
| 0907-1 | 10.20 | 12 451 205 | 12 556 474.7 | 7.076 9 | 69.38 | 99 715 | 100 626.3 | 2.473 7 | 24.25 |
| | | 12 539 375 | | | | 100 828 | | | |
| | | 12 678 844 | | | | 101 336 | | | |
| 0907-2 | 11.72 | 14 254 301 | 14 159 325.3 | 8.057 5 | 68.75 | 103 297 | 102 325 | 2.513 1 | 21.44 |
| | | 14 044 060 | | | | 101 478 | | | |
| | | 14 179 615 | | | | 102 200 | | | |
| 平均值 | 10.96 | — | — | 7.567 2 | 69.06 | — | — | 2.493 4 | 22.84 |
| 报告 | — | — | — | | 69 | — | — | | 23 |

注:报告时修约至整数位,计算过程中平均值保留两位小数。

## 三、测量模型

制备工作曲线时,计算发射强度和浓度的线性函数关系。

以标准样品的发射强度作为 $y$ 轴,以标准样品的浓度作为 $x$ 轴,通过最小二乘法拟合工作曲线为:

$$y = ax + b \tag{4-35}$$

式中　$y$——发射强度;

　　　$x$——质量浓度,mg/L;

　　　$a,b$——工作曲线的斜率和截距。

测量样品时,通过样品的发射强度 $y$ 计算浓度 $C$,再根据样品的质量 $m$ 计算出镍或钒的含量。

$$w = C\frac{V}{m} \tag{4-36}$$

式中　$w$——镍或钒的含量,mg/kg;

$C$——样品测试时从标准曲线上读出的质量浓度,mg/L;

$V$——样品溶液定容体积,100 mL。

## 四、不确定度来源的识别

由检测过程及式(4-35)、式(4-36)可以分析出,残渣燃料油中钒、镍含量的不确定度来源于样品和标准样品的峰强度测量、标准曲线斜率和截距的不确定度分量,以及天平读数的精度偏差、进样体积的变动性、火焰的稳定性等随机变化分量。

图4-15列出了各个不确定度分量的来源。

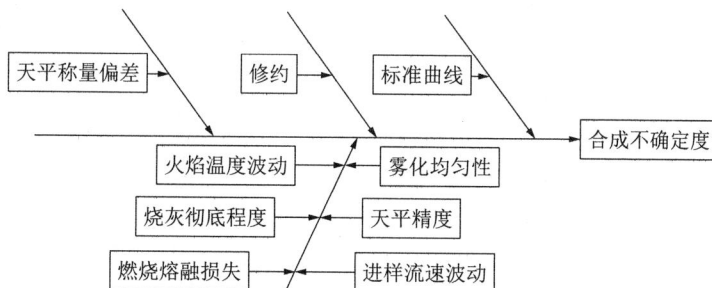

图4-15 不确定分量来源分析图

## 五、不确定度的评定

### 1. 标准不确定度的A类评定

各种随机因素导致的不确定度用A类评定,本次采用预评估法,对编号106402的残渣燃料油中的钒、镍含量预先测定10次,测定结果见表4-20。

表4-20 编号106402的残渣燃料油中钒、镍含量测定结果

| 测量序号 | 称样量/g | 钒 | | | 镍 | | |
|---|---|---|---|---|---|---|---|
| | | 标线读数单次值/(mg·L⁻¹) | 标线读数平均值/(mg·L⁻¹) | 含量/(mg·kg⁻¹) | 标线读数单次值/(mg·L⁻¹) | 标线读数平均值/(mg·L⁻¹) | 含量/(mg·kg⁻¹) |
| 1 | 10.24 | 1.463 3 | 1.464 1 | 14.297 9 | 2.845 5 | 2.843 6 | 27.769 5 |
| | | 1.478 3 | | | 2.855 9 | | |
| | | 1.450 7 | | | 2.829 3 | | |
| 2 | 10.19 | 1.424 2 | 1.433 8 | 14.070 7 | 2.366 6 | 2.380 1 | 23.357 2 |
| | | 1.436 6 | | | 2.383 2 | | |
| | | 1.440 7 | | | 2.390 5 | | |
| 3 | 10.36 | 1.437 2 | 1.421 2 | 13.718 1 | 2.534 5 | 2.512 4 | 24.251 0 |
| | | 1.418 7 | | | 2.505 6 | | |
| | | 1.407 8 | | | 2.497 2 | | |

续表

| 测量序号 | 称样量/g | 钒 | | | 镍 | | |
|---|---|---|---|---|---|---|---|
| | | 标线读数单次值/(mg·L⁻¹) | 标线读数平均值/(mg·L⁻¹) | 含量/(mg·kg⁻¹) | 标线读数单次值/(mg·L⁻¹) | 标线读数平均值/(mg·L⁻¹) | 含量/(mg·kg⁻¹) |
| 4 | 10.25 | 1.404 3<br>1.413 2<br>1.405 8 | 1.407 8 | 13.734 6 | 2.602 2<br>2.618 3<br>2.597 1 | 2.605 9 | 25.423 4 |
| 5 | 10.52 | 1.481 8<br>1.498 6<br>1.496 6 | 1.489 2 | 14.155 9 | 2.474 4<br>2.515 7<br>2.504 5 | 2.498 2 | 23.747 1 |
| 6 | 10.26 | 1.414 5<br>1.405 0<br>1.398 1 | 1.405 9 | 13.702 7 | 2.616 9<br>2.609 2<br>2.604 0 | 2.610 0 | 25.438 6 |
| 7 | 10.23 | 1.444 0<br>1.458 4<br>1.431 7 | 1.444 7 | 14.122 2 | 2.206 8<br>2.225 2<br>2.206 5 | 2.212 8 | 21.630 5 |
| 8 | 10.29 | 1.444 7<br>1.443 3<br>1.425 8 | 1.437 9 | 13.973 8 | 2.612 9<br>2.599 9<br>2.578 1 | 2.597 0 | 25.238 1 |
| 9 | 10.23 | 1.406 8<br>1.387 6<br>1.416 0 | 1.403 5 | 13.719 5 | 2.414 2<br>2.393 3<br>2.425 9 | 2.411 1 | 23.568 9 |
| 10 | 10.27 | 1.405 5<br>1.409 2<br>1.393 5 | 1.402 7 | 13.658 2 | 2.566 0<br>2.583 8<br>2.562 9 | 2.570 9 | 25.033 1 |
| 平均值 | 10.28 | 1.429 1 | 1.431 1 | 13.915 4 | 2.524 2 | 2.524 2 | 24.545 7 |
| 标准偏差 s | — | — | — | 0.234 7 | — | — | 1.642 1 |
| $u_A$ | — | — | — | 0.166 | — | — | 1.161 |

单次测量标准偏差根据贝塞尔公式计算。

对编号 0907 的残渣燃料油中钒、镍含量测定 2 次(表 4-19),以平均值报告。平均值的 A 类标准不确定度计算如下:

$$u_A = s/\sqrt{n'} \quad (n' = 2) \tag{4-37}$$

**2. 标准不确定度的 B 类评定**

1) 标准曲线斜率和截距的标准不确定度

配制 5 个浓度的标准溶液制作标准曲线。图 4-16 和图 4-17 分别为钒和镍元素校准曲线,具体数据对应见表 4-21 和表 4-22。每个标准溶液测量 3 次,以平均值进行最小二乘法拟合,结果见表 4-21 及表 4-22。编号 0907 的残渣燃料油在测量时每个试液测量 3 次,以平均值计算各元素在溶液中的浓度。

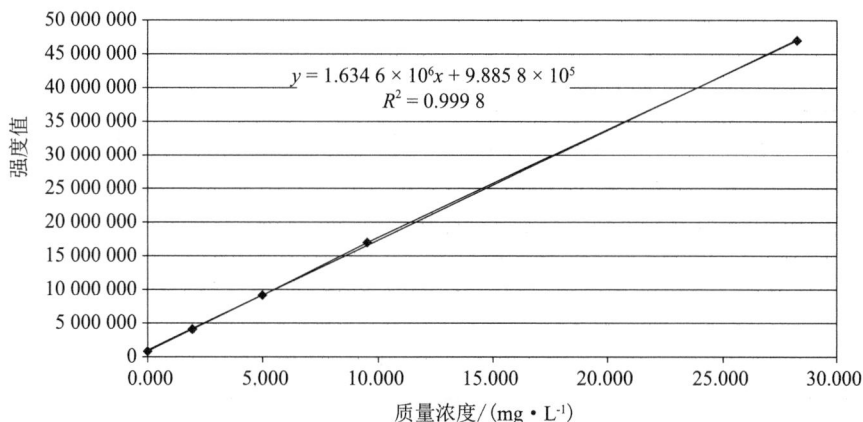

图 4-16　钒元素强度值与浓度关系曲线图

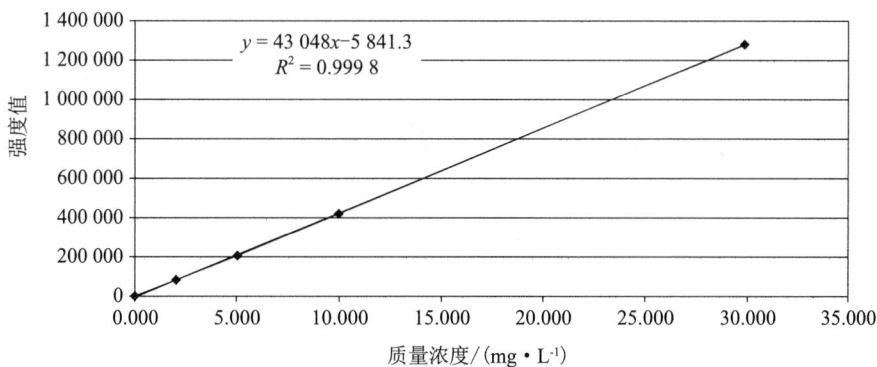

图 4-17　镍元素强度值与浓度关系曲线图

**表 4-21　钒校准曲线及样品校准导致的不确定度**

| 标　号 | 单次净强度 | | | 平均净强度 | 质量浓度(拟合值) /(mg·L$^{-1}$) | 质量浓度 C /(mg·L$^{-1}$) |
| --- | --- | --- | --- | --- | --- | --- |
| | 1 | 2 | 3 | | | |
| S0 | 820 800 | 814 799 | 824 069 | 819 889 | $-0.102$ | 0.000 |
| S1 | 4 056 929 | 4 072 931 | 4 089 866 | 4 073 242 | 1.888 | 1.960 |
| S2 | 9 086 530 | 9 124 320 | 9 180 981 | 9 130 610 | 4.982 | 4.990 |
| S3 | 16 891 732 | 17 065 134 | 17 002 415 | 16 986 427 | 9.787 | 9.518 |
| S4 | 46 956 629 | 47 166 833 | 46 892 982 | 47 005 481 | 28.148 | 28.236 |

表 4-22　镍校准曲线及样品校准导致的不确定度

| 标　号 | 单次净强度 | | | 平均净强度 | 质量浓度(拟合值) /(mg·L$^{-1}$) | 质量浓度 $C$ /(mg·L$^{-1}$) |
|---|---|---|---|---|---|---|
| | 1 | 2 | 3 | | | |
| S0 | 803 | 675 | 683 | 720 | 0.141 | 0.000 |
| S1 | 82 744 | 82 532 | 83 437 | 82 904 | 2.057 | 2.050 |
| S2 | 204 158 | 204 039 | 209 696 | 205 895 | 4.924 | 5.054 |
| S3 | 414 701 | 421 821 | 424 696 | 420 406 | 9.924 | 9.980 |
| S4 | 1 271 154 | 1 291 401 | 1 280 788 | 1 281 114 | 29.987 | 29.848 |

通过标准曲线读出的结果是样品溶液的浓度 $C$,即模型式(4-35)中的 $x$,其不确定度通过模型式(4-36)传递给样品的钒、镍含量。

样品测量值的不确定度按下式计算,计算时 $x$ 取 $C$ 的平均值,结果见表 4-23。

$$u^2(x) = \frac{s^2}{a^2} \left[ \frac{1}{p} + \frac{1}{n} + \frac{(x-\bar{x})^2}{\sum x_i^2 - \frac{1}{n}\left(\sum x_i\right)^2} \right] \tag{4-38}$$

表 4-23　不确定度计算

| 计算项 | 钒含量曲线 | 镍含量曲线 |
|---|---|---|
| $\bar{x}$ | 8.941 | 9.386 |
| $\sum x_i$ | 134.112 | 140.796 |
| $\sum x_i^2$ | 2 749.817 16 | 3 060.746 76 |
| $\left(\sum x_i\right)^2$ | 17 986.028 544 | 19 823.513 616 |
| $n$ | 15 | 15 |
| $a$ | 1 634 590.993 | 43 047.723 35 |
| $b$ | 988 578.848 9 | −5 841.283 78 |
| 相关系数 $R^2$ | 0.999 8 | 0.999 8 |
| $s$ | 252 240.976 8 | 6 537.841 9 |
| $s(a)$ | 6 405.380 628 | 156.769 744 2 |
| $s(b)$ | 86 726.380 45 | 2 239.393 015 |
| $p$ | 3 | 3 |
| $u(C)$ | 0.098 | 0.099 |

2) 天平称量的标准不确定度

天平的校准证书显示最大允许误差为 0.02 g,每次称量均需去皮清零,称量的标准不确定度为:

$$u(m) = \sqrt{2} \times \frac{0.02}{\sqrt{3}} \text{ g} = 0.016 \text{ 3 g}$$

3）定容体积的不确定度

根据 GB/T 12806—2011《实验室玻璃仪器 单标线容量瓶》，100 mL A 级容量瓶的允许误差为±0.10 mL，不确定度为：

$$u(V)=\frac{0.10}{\sqrt{3}}\ \text{mL}=0.058\ \text{mL}$$

4）修约的不确定度

报告时修约至整数，修约间隔为 1 mg/kg，半宽为 0.5 mg/kg，以 $R$ 表示修约，修约的不确定度为：

$$u(R)=\frac{0.5}{\sqrt{3}}\ \text{mg/kg}=0.289\ \text{mg/kg}$$

**3. 不确定度的 B 类合成**

按测量模型式(4-36)合成 B 类不确定度。

$$u_B^2=\left[\frac{V}{m}u(C)\right]^2+\left[\frac{C}{m}u(V)\right]^2+\left[-\frac{CV}{m^2}u(m)\right]^2+[u(R)]^2 \tag{4-39}$$

$$[u_B(V)]^2=[(9.124\ 1\times0.098)^2+(0.690\ 4\times0.058)^2+(-6.299\ 6\times0.016\ 3)^2+0.289^2](\text{mg/kg})^2$$
$$=0.811\ 7\ (\text{mg/kg})^2$$

$$[u_B(\text{Ni})]^2=[(9.124\ 1\times0.099)^2+(0.227\ 5\times0.058)^2+(-2.075\ 7\times0.016\ 3)^2+0.289^2]\ (\text{mg/kg})^2$$
$$=0.817\ 2\ (\text{mg/kg})^2$$

## 六、报告结果

A 类、B 类合成不确定度为：

$$u=\sqrt{u_A^2+u_B^2} \tag{4-40}$$

$$u(V)=\sqrt{0.166^2+0.811\ 7}\ \text{mg/kg}=0.92\ \text{mg/kg}$$

$$u(\text{Ni})=\sqrt{1.161^2+0.817\ 2}\ \text{mg/kg}=1.5\ \text{mg/kg}$$

按标准不确定度报告：编号 0907 的残渣燃料油样品重复测量 2 次，以平均值报告结果，其中钒含量为 69 mg/kg，标准不确定度 $u(V)$ 为 1 mg/kg；镍含量为 23 mg/kg，标准不确定度 $u(\text{Ni})$ 为 2 mg/kg。

按扩展不确定度报告：编号 0907 的残渣燃料油样品重复测量 2 次，以平均值报告结果，其中钒含量为 69 mg/kg，扩展不确定度 $U(V)$ 为 2 mg/kg；镍含量为 23 mg/kg，扩展不确定度 $U(\text{Ni})$ 为 3 mg/kg，$p=95\%$，$k=2$。

可以简单报告为：编号 0907 的残渣燃料油样品重复测量 2 次，以平均值报告结果 $w(V)=(69\pm2)$ mg/kg，$p=95\%$，$k=2$；$w(\text{Ni})=(23\pm3)$ mg/kg，$p=95\%$，$k=2$。

## 七、不确定度的应用

将各个不确定度分量列入表 4-24 及表 4-25 中，可以看出，钒的 B 类不确定度是主要的贡献，镍的 A 类、B 类不确定度基本一致，改进的主要方向是降低曲线的不确定度，可以考虑增加曲线的数据点,同时注意燃烧时火焰不可过大,以减少可能的损失。

**表 4-24 钒含量测定的不确定度分量及贡献**

| 不确定度分量 | 不确定度 $u$ | 灵敏系数 $|c|$ | 分量贡献 $|c| \times u$ | 说 明 |
|---|---|---|---|---|
| 总标准不确定度 | 0.92 | — | — | — |
| A 类 | 0.166 | 1 | 0.166 | — |
| B 类 | 0.812 | 1 | 0.812 | 主要改进方向 |
| B 类分量——曲线 | 0.098 | 9.124 088 | 0.894 162 | — |
| B 类分量——定容 | 0.058 | 0.690 438 | 0.040 043 | — |
| B 类分量——称量 | 0.016 3 | 6.299 616 | 0.102 683 | — |
| B 类分量——修约 | 0.289 | 1 | 0.289 | — |

**表 4-25 镍含量测定的不确定度分量及贡献**

| 不确定度分量 | 不确定度 $u$ | 灵敏系数 $|c|$ | 分量贡献 $|c| \times u$ | 说 明 |
|---|---|---|---|---|
| 总标准不确定度 | 1.5 | — | — | — |
| A 类 | 1.161 | 1 | 1.161 | 主要改进方向 |
| B 类 | 0.817 | 1 | 0.817 | 主要改进方向 |
| B 类分量——曲线 | 0.099 | 9.124 088 | 0.903 286 | — |
| B 类分量——定容 | 0.058 | 0.227 5 | 0.013 195 | — |
| B 类分量——称量 | 0.016 3 | 2.075 73 | 0.033 834 | — |
| B 类分量——修约 | 0.289 | 1 | 0.289 | — |

# 第八节　轻质石油馏分和产品中烃族组成和苯含量测量的不确定度评定

## 一、目 的

依据 GB/T 30519—2014《轻质石油馏分和产品中烃族组成和苯的测定　多维气相色谱法》,对编号为 SY029-20 的汽油样品的烃族组成和苯含量进行测定并评定其不确定度。

## 二、测量步骤

实验前安装好色谱系统,并设置好操作条件,用系统验证样品检验其性能达到要求。

色谱系统开机后,检查其参数设置是否准确;分析样品前,按样品的分析步骤将仪器空运行一遍。取约 0.2 μL 有代表性的样品进样,样品行进流程如下:

(1) 通过极性分离柱,脂肪烃与芳烃完全分离。

(2) 脂肪烃进入烯烃捕集阱,烯烃被保留,饱和烃进入 FID 检测器;在苯流出极性分离柱前,切换六通阀 B 密封烯烃捕集阱,苯通过平衡柱进入 FID 检测器。

(3) 切换另一个六通阀 A,使 $C_7^+$ 芳烃反吹出极性分离柱并进入 FID 检测器。

(4) 在 $C_7^+$ 芳烃反吹的同时升高烯烃捕集阱的温度,待 $C_7^+$ 芳烃反吹完毕后,再次切换六通阀 B,使脱附的烯烃进入 FID 检测器。

对于溶剂油样品,不需要分析烯烃,只进行(1)和(3)两步操作即可。当汽油中含有含氧化合物时,应首先测定各种含氧化合物的含量,再按 GB/T 30519—2014 附录 A 的方法计算各烃组分的含量,最后经色谱工作站计算得到各组分的体积分数或质量分数。报告饱和烃、烯烃和总芳烃的体积分数(或质量分数),精确至 0.1%;报告苯的体积分数(或质量分数),精确至 0.01%。

具体结果见表 4-26。

表 4-26　SY029-20 汽油样品的烃族组成和苯含量测定结果

| 组　分 | 第一次 | | | 第二次 | | | 平均值 | | |
| --- | --- | --- | --- | --- | --- | --- | --- | --- | --- |
| | 体积分数/% | 质量分数/% | 峰面积 | 体积分数/% | 质量分数/% | 峰面积 | 体积分数/% | 质量分数/% | 峰面积 |
| 饱和烃 | 55.75 | 51.44 | 10 873 907.6 | 55.79 | 51.48 | 10 708 740.8 | 55.77 | 51.46 | 10 791 324.2 |
| 苯 | 0.51 | 0.60 | 139 616.5 | 0.51 | 0.60 | 137 294.9 | 0.51 | 0.60 | 138 455.7 |
| $C_7^+$ 芳烃 | 28.26 | 33.06 | 7 504 576.8 | 28.20 | 33.01 | 7 374 986.2 | 28.23 | 33.04 | 7 439 781.5 |
| 烯烃 | 6.51 | 6.02 | 2 750 911.8 | 6.53 | 6.04 | 2 711 630.5 | 6.52 | 6.03 | 2 731 271.2 |

实验测得含氧化合物的含量为 8.875%,其中氧化物只有 MTBE(甲基叔丁基醚),不含其他氧化物,故在下述计算中只将 MTBE 纳入计算,其标准不确定度 $u(C_i)=0.11\%$。

## 三、测量模型

汽油测量时所用到的相对质量校正因子及密度见表 4-27 及表 4-28。

表 4-27　烃族相对质量校正因子及相对密度

| 烃族组分 | 饱和烃 | 烯　烃 | $C_7^+$ 芳烃 | 苯 |
| --- | --- | --- | --- | --- |
| 校正因子 $f_i$ | 1.074 | 1.052 | 1.000 | 0.980 |
| 相对密度(20 ℃) $d_i$ | 0.686 0 | 0.688 0 | 0.870 0 | 0.878 9 |

表 4-28　含氧化合物相对质量校正因子及相对密度

| 含氧化合物 | 甲基叔丁基醚（MTBE） | 乙基叔丁基醚（ETBE） | 甲基叔戊基醚（TAME） | 乙　醇 | 甲　醇 |
|---|---|---|---|---|---|
| 醚类 $f_j$ 或醇类 $f_k$ | 1.30 | 1.27 | 1.20 | 3.10 | 5.20 |
| 相对密度(20 ℃) $d_j$ 或 $d_k$ | 0.745 9 | 0.744 0 | 0.771 0 | 0.796 7 | 0.796 3 |

测量模型见式(4-41)～式(4-49)。

$$A'_{OLE} = A_{OLE} - \sum \frac{C_j}{f_j} \tag{4-41}$$

式中　$A'_{OLE}$——校正后试样中烯烃色谱峰面积分数,%;

　　　$A_{OLE}$——试样表观烯烃色谱峰面积分数,%;

　　　$C_j$——该醚类化合物的质量分数,%;

　　　$f_j$——该醚类化合物对应的相对质量校正因子。

$$A'_{ARO} = A_{ARO} - \sum \frac{C_k}{f_k} \tag{4-42}$$

式中　$A'_{ARO}$——校正后试样中 $C_7^+$ 色谱峰面积分数,%;

　　　$A_{ARO}$——试样表观色谱峰面积分数,%;

　　　$C_k$——该醇类化合物的质量分数,%;

　　　$f_k$——该醇类化合物对应的相对质量校正因子。

$$P_i = \frac{A_i}{A_{SAT} + A_{BEN} + A'_{ARO} + A'_{OLE}} \times 100\% = \frac{A_i}{\sum A_i} \times 100\% \tag{4-43}$$

$$m_i = \frac{P_i f_i}{\sum P_i f_i} \times 100\% \tag{4-44}$$

$$V_i = \frac{P_i \frac{f_i}{d_i}}{\sum P_i \frac{f_i}{d_i}} \times 100\% \tag{4-45}$$

式中　$m_i$——组分 $i$ 的质量分数,%;

　　　$f_i$——组分 $i$ 的相对质量校正因子;

　　　$P_i$——氧化物校正后 $i$ 组分色谱测定的归一化峰面积分数,%;

　　　$V_i$——组分 $i$ 的体积分数,%;

　　　$d_i$——饱和烃、烯烃和 $C_7^+$ 芳烃的加权相对密度及苯的相对密度。

$$m'_i = m_i \frac{(100 - \sum C_{OXY})}{100} \tag{4-46}$$

式中　$m'_i$——组分 $i$ 在汽油中所占的质量分数,%;

　　　$\sum C_{OXY}$——试样中所有含氧化合物质量分数之和,%。

$$d_{HC} = \sum \frac{m_i d_i}{100} \tag{4-47}$$

式中　$d_{HC}$——试样中烃的加权相对密度;

　　　$d_i$——第 $i$ 种烃族组分对应的加权相对密度。

$$V_{OXY} = \frac{\sum \dfrac{C_i}{d_i}}{\sum \dfrac{C_i}{d_i} + \dfrac{100 - \sum C_i}{d_{HC}}} \times 100\% \tag{4-48}$$

式中　$V_{OXY}$——试样中含氧化合物所占的体积分数,%;

　　　$C_i$——第 $i$ 种含氧化合物在试样中所占的质量分数(包括醇类和醚类),%;

　　　$d_i$——第 $i$ 种含氧化合物的相对密度(包括醇类和醚类);

　　　$d_{HC}$——试样中烃的加权相对密度。

$$V_i' = V_i \frac{100 - V_{OXY}}{100} \tag{4-49}$$

式中　$V_i'$——烃族组分 $i$ 在试样中所占的体积分数,%;

　　　$V_i$——烃族组分 $i$ 在烃组分中所占的体积分数,%。

### 四、不确定度来源的识别

由检测过程及式(4-41)~式(4-43)可以分析出,无含氧化合物汽油的烃族组成和苯含量测定的不确定度来源于样品代表性、干扰物质含量、气相色谱仪工作状况、色谱柱质量、系统验证样品的配制误差、检测器工作状况,这些因素都反映在积分面积不确定度、相对质量校正因子不确定度、修约不确定度等上面(图 4-18)。

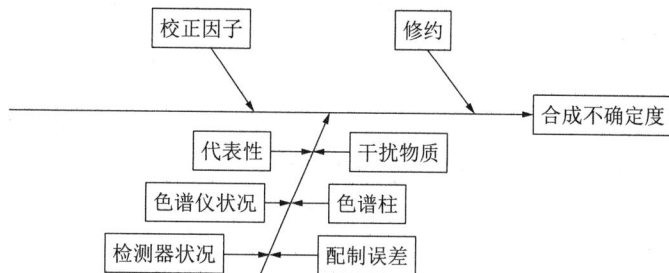

图 4-18　各个不确定度分量的来源(无含氧化合物油品)

由检测过程及式(4-44)~式(4-49)可以分析出,有含氧化合物汽油的烃族组成和苯含量测定的不确定度来源于样品代表性、干扰物质含量、气相色谱仪工作状况、色谱柱质量、系统验证样品的配制误差、检测器工作状况,这些因素都反映在积分面积不确定度、相对质量校正因子不确定度、含氧化合物种类与含量和修约不确定度等上面(图 4-19)。

相对质量校正因子直接使用标准提供的数值,忽略不确定度。含氧化合物种类与含量依据 NB/SH/T 0663—2014 检测,其不确定度单独评定,本报告直接引用。

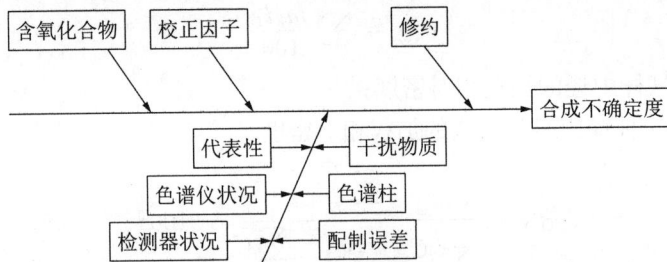

图 4-19　各个不确定度分量的来源(有含氧化合物汽油)

定量方式为面积归一化,积分面积的不确定度按模型逐步传递给最终结果。

## 五、不确定度的评定

从检测过程和测量模型式(4-41)～式(4-43)可以看出,不确定度来源于积分面积和含氧化合物,各种因子及相对密度来源于标准方法,可以忽略它们的不确定度。含氧化合物的不确定度根据 NB/SH/T 0663—2014 评定。对于本实验,含氧化合物的不确定度属于 B 类分量。

本实验采用相对校正因子校正后的归一化法进行定量,可以消除积分误差的影响,积分面积的不确定度来源可以只考虑积分精度,可用 A 类方式评定。

### 1. 积分面积不确定度的 A 类评定

各种随机因素导致的积分面积不确定度采用 A 类方式评定,用系统验证样品分别测量饱和烃、烯烃、苯和 $C_7^+$ 芳烃的积分面积,共测量 10 次,结果见表 4-29。

表 4-29　系统验证样品测量结果

| 序　号 | 饱和烃积分面积/% | 苯积分面积/% | $C_7^+$ 芳烃积分面积/% | 烯烃积分面积/% |
|---|---|---|---|---|
| 1 | 51.142 | 0.656 | 35.258 | 12.944 |
| 2 | 50.890 | 0.656 | 35.559 | 12.895 |
| 3 | 50.913 | 0.652 | 35.497 | 12.938 |
| 4 | 51.039 | 0.666 | 35.353 | 12.943 |
| 5 | 50.872 | 0.656 | 35.571 | 12.901 |
| 6 | 50.921 | 0.663 | 35.480 | 12.936 |
| 7 | 50.964 | 0.656 | 35.456 | 12.923 |
| 8 | 51.015 | 0.650 | 35.398 | 12.937 |
| 9 | 50.946 | 0.662 | 35.464 | 12.928 |
| 10 | 50.944 | 0.656 | 35.505 | 12.896 |
| 标准偏差 $s$ | 0.081 | 0.005 | 0.095 | 0.020 |
| 2 次测量平均值的标准偏差 $s(\overline{A})$ | 0.057 | 0.004 | 0.067 | 0.014 |

对应的标准差即积分面积不确定度。样品测量时,重复测定 2 次,2 次测量的平均值的不确定度为:

$$s(\overline{A}) = \frac{s}{\sqrt{2}} \tag{4-50}$$

**2. 合成不确定度**

按测量模型逐步合成不确定度,测量数据及计算结果均为平均值,见表 4-30。计算过程见式(4-51)～式(4-61)。

**表 4-30  计算结果**

| 参　数 | 饱和烃 | 苯 | $C_7^+$ 芳烃 | 烯　烃 |
|---|---|---|---|---|
| $V_i'/\%$ | 55.8 | 0.51 | 28.2 | 6.5 |
| $A_i/\%$ | 51.142 | 0.656 | 35.258 | 12.944 |
| $C_j/f_j/\%$ | — | — | — | 6.827 |
| $C_k/f_k/\%$ | — | — | 0.000 | — |
| $A_i'/\%$ | 51.142 | 0.656 | 35.258 | 6.117 |
| $s(A_i)/\%$ | 0.057 | 0.004 | 0.067 | 0.014 |
| $s(A_i')/\%$ | 0.057 | 0.004 | 0.067 | 0.086 |
| $\sum[u^2(A_i)]/\%^2$ | | 0.015 181 | | |
| $P_i/\%$ | 54.889 | 0.704 | 37.842 | 6.565 |
| $u(P_i)/\%$ | 0.073 | 0.004 | 0.062 | 0.086 |
| $V_i/\%$ | 61.270 | 0.560 | 31.012 | 7.157 |
| $u(V_i)/\%$ | 0.068 | 0.003 | 0.045 | 0.089 |
| $m_i/\%$ | 56.472 | 0.661 | 36.251 | 6.616 |
| $u(m_i)/\%$ | 0.068 | 0.004 | 0.055 | 0.081 |
| $d_{HC}$ | | 0.754 109 | | |
| $u(d_{HC})$ | | 0.000 869 | | |
| $V_{OXY}/\%$ | | 8.963 916 | | |
| $u(V_{OXY})/\%$ | | 0.102 055 | | |
| 未修约 $V_i'/\%$ | 55.78 | 0.510 | 28.23 | 6.52 |
| $u[R(V_i')]/\%$ | 0.028 9 | 0.002 9 | 0.028 9 | 0.028 9 |
| $u(V_i')/\%$ | 0.092 7 | 0.004 1 | 0.059 2 | 0.086 6 |
| $U(V_i')/\%$ | 0.185 3 | 0.008 2 | 0.118 4 | 0.173 2 |

$$s(A'_{OLE}) = \sqrt{[s(A_{OLE})]^2 + \sum\left[\frac{u(C_j)}{f_j}\right]^2} \tag{4-51}$$

$$s(A'_{ARO}) = \sqrt{[s(A_{ARO})]^2 + \sum\left[\frac{u(C_k)}{f_k}\right]^2} \tag{4-52}$$

$$\sum [u(A_i)]^2 = \sum [s(A'_i)]^2 \tag{4-53}$$

$$u(P_i) = \sqrt{\left[\left(\frac{1}{\sum A_i}\right)^2 - 2\frac{1}{\sum A_i}\frac{A_i}{(\sum A_i)^2}\right][u(A_i)]^2 + \left[-\frac{A_i}{(\sum A_i)^2}\right]^2 \sum [u(A_i)]^2} \times 100 \tag{4-54}$$

$$u(V_i) = \sqrt{\left[\left(\frac{\frac{f_i}{d_i}}{\sum P_i \frac{f_i}{d_i}}\right)^2 - 2\frac{\frac{f_i}{d_i}}{\sum P_i \frac{f_i}{d_i}}\frac{P_i \frac{f_i}{d_i}}{\left(\sum P_i \frac{f_i}{d_i}\right)^2}\right][u(P_i)]^2 + \left[-\frac{P_i \frac{f_i}{d_i}}{\left(\sum P_i \frac{f_i}{d_i}\right)^2}\right]^2 \sum [u(P_i)]^2} \times$$

$$100 \tag{4-55}$$

$$u(m_i) = \sqrt{\left[\left(\frac{f_i}{\sum P_i f_i}\right)^2 - 2\frac{f_i}{\sum P_i f_i}\frac{P_i f_i}{(\sum P_i f_i)^2}\right][u(P_i)]^2 + \left[-\frac{P_i f_i}{(\sum P_i f_i)^2}\right]^2 \times \sum [u(P_i)]^2} \times 100 \tag{4-56}$$

$$u(d_{HC}) = \sqrt{\sum \left[\frac{d_i}{100}u(m_i)\right]^2} \tag{4-57}$$

$$u\left(\sum \frac{C_j}{d_j}\right) = \sqrt{\sum \left[\frac{u(C_j)}{d_j}\right]^2} \tag{4-58}$$

$$u\left(\sum C_j\right) = \sqrt{\sum [u(C_j)]^2} \tag{4-59}$$

$$u(V_{OXY}) = 100 \times \left\{\left[\frac{1}{\sum \frac{C_j}{d_j} + \frac{100 - \sum C_j}{d_{HC}}} - \frac{\sum \frac{C_j}{d_j}}{\left(\sum \frac{C_j}{d_j} + \frac{100 - \sum C_j}{d_{HC}}\right)^2}\right]^2 \left[u\left(\sum \frac{C_j}{d_j}\right)\right]^2 + \right.$$

$$\left[\frac{d_{HC}\sum \frac{C_j}{d_j}}{\left[\left(\sum \frac{C_j}{d_j}\right)d_{HC} + 100 - \sum C_j\right]^2}u\left(\sum C_j\right)\right]^2 +$$

$$\left.\left[\frac{\sum \frac{C_j}{d_j}}{\left(\sum \frac{C_j}{d_j}\right)d_{HC} + 100 - \sum C_j} - \frac{\left(\sum \frac{C_j}{d_j}\right)^2 d_{HC}}{\left[\left(\sum \frac{C_j}{d_j}\right)d_{HC} + 100 - \sum C_j\right]^2}\right]^2 [u(d_{HC})]^2\right\}^{1/2}$$

$$\tag{4-60}$$

$$u(V'_i) = \sqrt{\left[\frac{100 - V_{OXY}}{100}u(V_i)\right]^2 + \left[-\frac{V_i}{100}u(V_{OXY})\right]^2 + \{u[R(V'_i)]\}^2} \tag{4-61}$$

本次实验结果尽管是 2 次平行实验的平均值,但其 A 类不确定度来源于 10 次重复性检测结果,因此评估扩展不确定度时,取 $p=95\%$,$k=2$。

**3. 结果修约不确定度**

根据标准要求,报告饱和烃、烯烃和总芳烃的体积分数(或质量分数),精确至 0.1%,报告苯的体积分数(或质量分数),精确至 0.01%,即修约间隔为 0.1% 或 0.01%(质量分数或体积分数),可以视为半宽 $a$ 为 0.05% 或 0.005%(质量分数或体积分数),取均匀分布,则 B

类不确定度为：

$$u(m)=\frac{a}{\sqrt{3}}=0.028\ 9\%（饱和烃、烯烃和总芳烃）或\ 0.002\ 89\%（苯）$$

$$u(V)=\frac{a}{\sqrt{3}}=0.028\ 9\%（饱和烃、烯烃和总芳烃）或\ 0.002\ 89\%（苯）$$

## 六、报告结果

按标准不确定度报告：SY029-20 汽油样品烃类组分检测结果及其标准不确定度 $u$ 见表 4-31，包含因子 $k=2$。

按扩展不确定度报告：SY029-20 汽油样品烃类组分检测结果及其扩展不确定度 $U$ 见表 4-31，$p=95\%$，$k=2$。

表 4-31　报告结果

| 参　数 | 饱和烃/% | 苯/% | C$_7^+$ 芳烃/% | 烯烃/% | 总芳烃/% |
|---|---|---|---|---|---|
| $V_i'$ | 55.8 | 0.51 | 28.2 | 6.5 | 28.7 |
| $u$ | 0.09 | 0.004 | 0.06 | 0.09 | 0.06 |
| $U$ | 0.19 | 0.008 | 0.12 | 0.17 | 0.12 |

# 第五章　油品物理检测不确定度评定实例

## 第一节　柴油产品馏程测量的不确定度评定

### 一、目　的

依据 GB/T 6536—2010《石油产品常压蒸馏特性测定法》,采用自动常压馏程分析仪进行柴油产品馏程的测定,评估柴油产品馏程测定的不确定度。

### 二、测量步骤

将 100 mL 试样在规定的条件下用自动常压馏程分析仪进行蒸馏。仪器自动观测并记录温度读数和冷凝物体积,观测的读数经过大气压修正后,由自动常压馏程分析仪自动得出相应的回收百分数所对应的温度结果。

测定流程如图 5-1 所示。

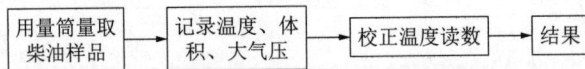

用量筒量取柴油样品 → 记录温度、体积、大气压 → 校正温度读数 → 结果

图 5-1　自动常压馏程分析仪测定柴油馏程的流程

### 三、测量模型

评定自动常压馏程分析仪测定柴油馏程的不确定度的测量模型如下:

$$T = t + 0.000\ 9 \times (101.3 - p)(273 + t) \tag{5-1}$$

式中　$T$——实际的回收温度,℃;

　　　$t$——观测到的回收温度,℃;

　　　$p$——实验时的大气压,kPa。

### 四、不确定度来源的识别

A 类不确定度发生在测定方法、测试设备、过程操作、温度变化、试样均匀性等其他一些随机性因素上,B 类不确定度发生在仪器温度传感器、量筒和气压计等方面。

图 5-2 所示的因果关系图详细标明了自动常压馏程分析仪测定柴油馏程的不确定度的有关来源。

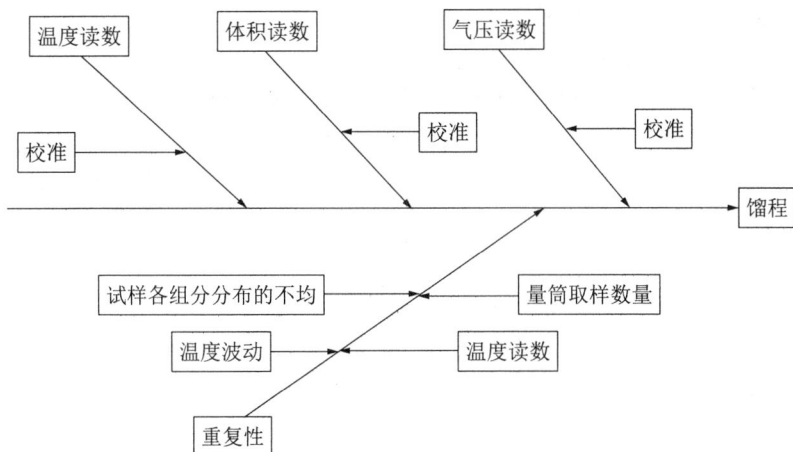

图 5-2　自动常压馏程分析仪测定柴油馏程的不确定度来源因果图

## 五、不确定度的评定

### 1. 标准不确定度的 A 类评定

由重复性因素引入的不确定度可用 A 类评定方式得出,即可从样品中抽取多份试样分别进行测量再统计分析得出。

以测定一车用柴油为例,在相同条件下连续进行 10 次重复测量,观测回收温度,结果见表 5-1。柴油馏程通常以单次测量结果报告,因此该柴油样品单次测量引入的标准偏差 $s(X)$ 即重复性标准不确定度分量 $u_A(X)$。

**表 5-1　柴油馏程重复性测量数据**

| 序　号 | 50%回收温度 $t$/℃ | 90%回收温度 $t$/℃ | 95%回收温度 $t$/℃ |
|---|---|---|---|
| 1 | 272.6 | 326.6 | 341.4 |
| 2 | 272.9 | 326.8 | 341.7 |
| 3 | 272.1 | 326.2 | 340.8 |
| 4 | 271.8 | 325.9 | 340.9 |
| 5 | 272.5 | 326.4 | 341.3 |
| 6 | 272.1 | 326.3 | 341.0 |
| 7 | 272.2 | 326.3 | 341.1 |
| 8 | 272.8 | 326.7 | 342.0 |
| 9 | 272.4 | 326.3 | 341.7 |
| 10 | 272.6 | 326.5 | 341.1 |
| 平均值 $\overline{X}$ | 272.4 | 326.4 | 341.3 |
| 标准偏差 $s(X)$ | 0.346 4 | 0.262 5 | 0.394 4 |

**2. 标准不确定度的 B 类评定**

1) 温度传感器引入的不确定度分量 $u(t)$

由仪器检定证书可以查到,温度传感器的扩展不确定度为 0.4 ℃($k=2$)。测量时的大气压力为 100.8 kPa。根据表 5-1 中的样品检测结果及式(5-1),温度传感器带来的标准不确定度分量为:

$$u(t) = \frac{0.4}{2} \times [1 + 0.000\,9 \times (101.3 - 100.8)]\ ℃ = 0.2\ ℃$$

2) 量筒和液位跟踪器引入的不确定度分量 $u(V)$

测量时采用 100 mL 的量筒,其分度是 1 mL,容量允差为 ±1 mL,根据 GB/T 6536—2010 规定液位跟踪器的最大误差不超过 0.3 mL。取均匀分布,量筒和液位跟踪器引入的体积标准不确定度为:

$$u(V) = \sqrt{\left(\frac{1}{\sqrt{3}}\right)^2 + \left(\frac{0.3}{\sqrt{3}}\right)^2}\ \text{mL} = 0.602\ \text{mL} = 0.602\%$$

柴油样品蒸馏过程中平均冷凝速率需控制在 4~5 mL/min 之间,随着回收体积的增加,回收速率也会变化。温度导致的体积不确定度为:

$$u(V) = 0.602 \Delta t$$

式中 $\Delta t$——灵敏系数,℃/%,即在各回收体积处每 1%体积(1 mL)变化对应的温度变化。

为求得灵敏系数 $\Delta t$,实验人员现场观测并记录回收体积 49%~50%之间 1 mL 对应的温度差,以及回收体积 89%~90%之间 1 mL 对应的温度差和回收体积 94%~95%之间 1 mL 对应的温度差。分别观测记录 10 组数据,取平均值,得到表 5-2 中不同回收体积对应的灵敏系数 $\Delta t$,代入上述公式,计算得到对应的标准不确定度分量 $u(V)$。

表 5-2　体积变化与温度变化的关系

| 量筒回收体积 | 体积变化 1 mL 时温度的变化 $\Delta t$ | 标准不确定度分量 $u(V)$/℃ |
|---|---|---|
| 50% | 2.9 ℃/% | 1.75 |
| 90% | 3.4 ℃/% | 2.05 |
| 95% | 3.7 ℃/% | 2.23 |

3) 气压计引入的不确定度分量 $u(p)$

实验时所用测量大气压力的气压计量程为 80.0~106.0 kPa,最小分度值为 0.1 kPa。根据气压计的检定证书,其扩展不确定度为 0.1 kPa($k=2$)。表 5-1 评定的是观测温度引入的不确定度,尚未考虑大气压读数(即精度)引入的不确定度,因此气压计引入的不确定度有两部分,将其进行合成,有:

$$u = \sqrt{\left(\frac{0.05}{\sqrt{3}}\right)^2 + \left(\frac{0.1}{2}\right)^2}\ \text{kPa} = 0.058\ \text{kPa}$$

然后根据式(5-1)求 $p$ 的偏导数,即大气压 $p$ 不确定度的灵敏系数,则气压计所引入的标准不确定度分量表示为：

$$u(p) = 0.0009 \times (273 + t) \times 0.058 \ ℃$$

4）合成 B 类标准不确定度

由于各分量均不相关，所以将以上各分量合成得：

$$u_B = \sqrt{[u(t)]^2 + [u(V)]^2 + [u(p)]^2}$$

## 六、合成标准不确定度和扩展不确定度的计算

对于某种车用柴油的检测，检测结果和不确定度见表 5-3。

**1. 合成标准不确定度的计算**

A 类和 B 类标准不确定度无关，则合成标准不确定度 $u(X)$ 为：

$$u(X) = \sqrt{[u_A(X)]^2 + (u_B)^2} \tag{5-2}$$

**2. 扩展不确定度的计算**

本例中，取包含因子 $k=2$，计算扩展不确定度为：

$$U = ku(X) \tag{5-3}$$

## 七、报告结果

该柴油样品馏程的测试结果表示为：

$$X = X \pm U（包含因子 k=2） \tag{5-4}$$

**表 5-3　柴油馏程不确定度评估数据**

| 项　　目 | 50％回收温度 | 90％回收温度 | 95％回收温度 |
|---|---|---|---|
| $p/kPa$ | 100.8 | 100.8 | 100.8 |
| $t/℃$ | 278.9 | 337.7 | 351.3 |
| $T/℃$ | 279.1 | 338.0 | 351.6 |
| $u(p)/℃$ | 0.029 | 0.032 | 0.033 |
| $u(t)/℃$ | 0.2 | 0.2 | 0.2 |
| $u(V)/℃$ | 1.746 | 2.047 | 2.227 |
| $u_B/℃$ | 1.757 | 2.057 | 2.237 |
| $u_A(X)/℃$ | 0.3464 | 0.2625 | 0.3944 |
| $u(X)/℃$ | 1.79 | 2.07 | 2.27 |
| $U/℃$ | 3.6 | 4.1 | 4.5 |
| 报告结果 | $X=279.1 ℃ \pm 3.6 ℃, k=2$ | $X=338.0 ℃ \pm 4.1 ℃, k=2$ | $X=351.6 ℃ \pm 4.5 ℃, k=2$ |

## 第二节　多重毛细管黏度计法测量润滑油
高温高剪切黏度的不确定度评定

### 一、目　的

依据 SH/T 0703—2001《润滑油在高温高剪切速率条件下表观黏度测定法（多重毛细管黏度计法）》，测定高温高剪切速率条件下的表观黏度，通常称为高温高剪切黏度，评定其不确定度。

### 二、测量步骤

将仪器温度设定为 150 ℃±0.1 ℃，通过加压使试样进入黏度计，保持 15 min，根据不同黏度级别的发动机油预设近似压力，调节压力值至所需压力的±1%范围，保持恒定。开始测定黏度时，在仪器运行约 10 s 时记录压力读数，当计时器停止时记录流出时间，用仪器软件自动计算黏度值。当预设的压力导致实际流出时间超出毛细管黏度池的目标流出时间的允许范围时，仪器软件自动推算黏度的可能值并推荐新的压力值，重新调整压力进行实验，使实际流出时间在目标流出时间的允许范围内，重新计算实际黏度值。测定流程如图 5-3 所示。

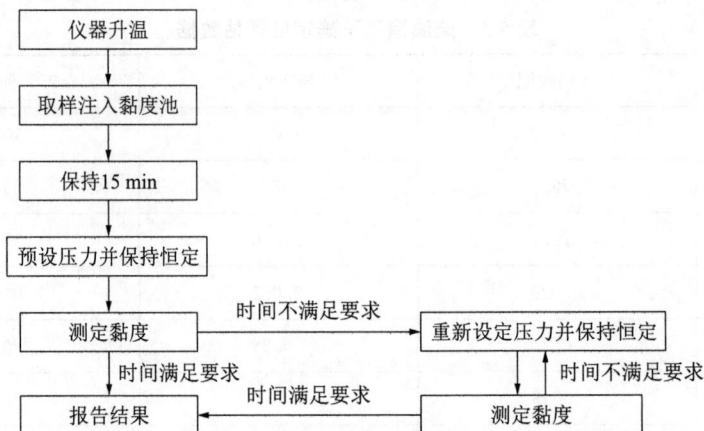

图 5-3　测量流程

### 三、测量模型

根据 SH/T 0703—2001《润滑油在高温高剪切速率条件下表观黏度测定法（多重毛细管黏度计法）》，润滑油的黏度按式（5-5）计算：

$$\eta = \left(C_1 tp - \frac{C_2}{t}\right)\left[1 + C_3\left(1 - \frac{t}{t_0}\right)\right] \tag{5-5}$$

式中  $\eta$——黏度,mPa·s;

  $t_0$——目标流出时间,s;

  $t$——实际流出时间,s;

  $p$——压力,kPa;

  $C_1$,$C_2$,$C_3$——每个黏度池的校正系数。

由于实际流出时间 $t$ 必须接近目标流出时间 $t_0$,因此式(5-5)简化为式(5-6):

$$\eta = C_1 tp - \frac{C_2}{t} \tag{5-6}$$

## 四、不确定度来源的识别

图 5-4 列出了各个不确定度分量的来源。

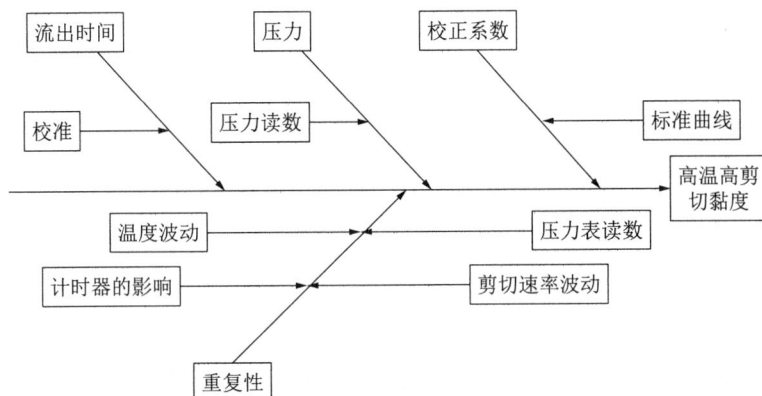

图 5-4  高温高剪切黏度测量不确定度来源因果图

## 五、不确定度的评定

### 1. 标准不确定度的 A 类评定

在测量高温高剪切黏度的过程中,受恒温浴温控系统精密度的影响,恒温浴中的温度会有所变化;仪器的时间和压力自动记录表开启或停止的及时性也会影响流出时间;毛细管黏度计的体积 $V$ 和半径 $R$ 与目标流出时间 $t_0$ 的关系为 $t_0 = \dfrac{4V}{1.4\times10^6 \pi R^3}$,因此对黏度结果亦会产生影响。这些因素所引起的变动性可以通过重复测量进行统计。在重复测量条件下,选取 1 号黏度池对同一样品进行独立测量 10 次,结果见表 5-4。

表 5-4  高温高剪切黏度的测定数据及平均值

| 项 目 | 1 | 2 | 3 | 4 | 5 | 6 | 7 | 8 | 9 | 10 | 平均值 |
|---|---|---|---|---|---|---|---|---|---|---|---|
| $t$/s | 14.85 | 14.84 | 14.83 | 14.88 | 14.92 | 14.86 | 14.90 | 14.85 | 14.80 | 14.87 | 14.86 |
| $p$/psi | 308.4 | 309.4 | 310.5 | 307.4 | 307.4 | 308.7 | 306.8 | 309.5 | 311.8 | 308.5 | 308.8 |
| $\eta$/(mPa·s) | 3.628 | 3.636 | 3.652 | 3.625 | 3.640 | 3.637 | 3.623 | 3.645 | 3.660 | 3.637 | 3.638 |

注:1 psi=6.89 kPa。

采用贝塞尔公式计算 A 类不确定度：

$$u_A(\eta) = \frac{\sqrt{\dfrac{\sum\limits_{n=1}^{10}(\eta_n - \bar{\eta})^2}{n-1}}}{\sqrt{10}} = 0.003\ 7\ \text{mPa} \cdot \text{s} \tag{5-7}$$

**2. 标准不确定度的 B 类评定**

1）校正系数 $C_1$ 和 $C_2$ 引入的相对标准不确定度

根据式(5-6)，有：

$$\frac{\eta}{tp} = C_1 - C_2 \frac{1}{t^2 p} \tag{5-8}$$

令 $y = \dfrac{\eta}{tp}$，$x = -\dfrac{1}{t^2 p}$，则有：

$$y = C_1 + C_2 x \tag{5-9}$$

通过最小二乘法计算曲线方程得：

$$C_2 = \frac{\sum x_i y_i - \dfrac{1}{n}\sum x_i \sum y_i}{\sum x_i^2 - \dfrac{1}{n}\left(\sum x_i\right)^2} \tag{5-10}$$

$$C_1 = \frac{\sum y_i}{n} - \frac{\sum x_i}{n} C_2 \tag{5-11}$$

计算 $C_1$ 和 $C_2$ 两个系数的标准差，即其标准不确定度：

$$u(C_2) = s(C_2) = \frac{s^2}{\sum x_i^2 - \dfrac{1}{n}\left(\sum x_i\right)^2} \tag{5-12}$$

$$u(C_1) = s(C_1) = \frac{s^2}{n\left[\sum x_i^2 - \dfrac{1}{n}\left(\sum x_i\right)^2\right]}\sum x_i^2 \tag{5-13}$$

其中：

$$s = \sqrt{\frac{\sum v_i^2}{n-2}}$$

$$v_i = y_i - (C_2 x_i + C_1)$$

采用编号为 HT22、HT39、HT75、HT150、HT240 的 5 个标油，针对 1 号黏度池作工作曲线，每个标油分别测定 2 次，结果见表 5-5。

表 5-5　高温高剪切黏度标油的测定数据、$x$ 及 $y$ 值

| 编　号 | 时间 $t$/s | 压力 $p$/psi | 黏度 $\eta$ /(mPa·s) | $y$(压力单位 psi) | $x$(压力单位 psi) | $y$(压力单位 kPa) | $x$(压力单位 kPa) |
|---|---|---|---|---|---|---|---|
| HT22 | 15.02 | 171.6 | 1.604 | 0.000 625 | $-2.58 \times 10^{-5}$ | $9.08 \times 10^{-5}$ | $-3.75 \times 10^{-6}$ |
| | 14.86 | 173.9 | 1.604 | 0.000 622 | $-2.60 \times 10^{-5}$ | $9.03 \times 10^{-5}$ | $-3.78 \times 10^{-6}$ |

| 编　号 | 时间<br>$t/s$ | 压力<br>$p/psi$ | 黏度 $\eta$<br>/(mPa·s) | $y$(压力<br>单位 psi) | $x$(压力<br>单位 psi) | $y$(压力<br>单位 kPa) | $x$(压力<br>单位 kPa) |
|---|---|---|---|---|---|---|---|
| HT39 | 14.84 | 198.1 | 1.979 | 0.000 669 | $-2.29\times10^{-5}$ | $9.71\times10^{-5}$ | $-3.33\times10^{-6}$ |
| | 14.97 | 196.6 | 1.979 | 0.000 672 | $-2.27\times10^{-5}$ | $9.76\times10^{-5}$ | $-3.29\times10^{-6}$ |
| HT75 | 14.97 | 244.2 | 2.701 | 0.000 739 | $-1.83\times10^{-5}$ | 0.000 107 2 | $-2.65\times10^{-6}$ |
| | 14.98 | 244.1 | 2.701 | 0.000 739 | $-1.83\times10^{-5}$ | 0.000 107 2 | $-2.65\times10^{-6}$ |
| HT150 | 15.00 | 303.5 | 3.625 | 0.000 793 | $-1.46\times10^{-5}$ | 0.000 115 1 | $-2.13\times10^{-6}$ |
| | 14.95 | 305.5 | 3.625 | 0.000 793 | $-1.46\times10^{-5}$ | 0.000 115 1 | $-2.13\times10^{-6}$ |
| HT240 | 14.95 | 393.4 | 4.950 | 0.000 842 | $-1.14\times10^{-5}$ | 0.000 122 2 | $-1.65\times10^{-6}$ |
| | 14.84 | 396.8 | 4.950 | 0.000 841 | $-1.14\times10^{-5}$ | 0.000 122 1 | $-1.66\times10^{-6}$ |

　　将流出时间 $t$、压力 $p$ 和黏度值 $\eta$ 分别代入上述各公式,计算出 $C_1=0.000\ 147$,$u(C_1)=3.65\times10^{-7}$,$C_2=15.08$ mPa·s$^2$,$u(C_2)=0.129\ 937$ mPa·s$^2$,二者的相关系数为 0.962 1。

　　黏度的单位为 mPa·s,$C_1$ 是在 $p$ 以 kPa 为单位下拟合出的系数,本身带有换算关系,后续 $C_1$ 的灵敏系数以及 $p$ 的不确定度无须换算为单位 mPa。

　　2)流出时间引入的标准不确定度

　　高温高剪切黏度计上的计时器经过校准,其扩展不确定度为 0.10 s$(k=2)$,则标准不确定度 $u(t)=0.10/2$ s$=0.05$ s。

　　3)压力引入的标准不确定度

　　润滑油样品的压力测量范围为 150～500 psi,在测定过程中,高温高剪切黏度测定仪的压力最大允许误差为±0.1 psi,呈均匀分布,$k$ 为 $\sqrt{3}$,则有:

$$u(p)=\frac{0.1}{\sqrt{3}}=0.057\ 7\ \text{psi}=0.057\ 7\times6.89\ \text{kPa}=0.398\ \text{kPa}$$

　　4)灵敏系数计算

　　由测量模型式(5-6),分别对 $t$、$p$、$C_1$、$C_2$ 求导计算灵敏系数,有:

$$\frac{\partial f}{\partial t}=C_1 p+\frac{C_2}{t^2}=0.000\ 147\times308.8\times6.89+\frac{15.08}{14.86^2}\ \text{mPa}=0.381\ \text{mPa}$$

$$\frac{\partial f}{\partial p}=C_1 t=0.000\ 147\times14.86\ \text{s}=0.002\ 18\ \text{s}$$

$$\frac{\partial f}{\partial C_1}=tp=14.86\times308.8\times6.89\ \text{kPa·s}=31\ 616.61\ \text{kPa·s}$$

$$\frac{\partial f}{\partial C_2}=-\frac{1}{t}=-\frac{1}{14.86}\ \text{s}^{-1}=-0.067\ \text{s}^{-1}$$

则 B 类标准不确定度为:

$$u_B(\eta)=\sqrt{\left(\frac{\partial f}{\partial t}\right)^2[u(t)]^2+\left(\frac{\partial f}{\partial p}\right)^2[u(p)]^2+\left(\frac{\partial y}{\partial C_1}\right)^2[u(C_1)]^2+\left(\frac{\partial y}{\partial C_2}\right)^2[u(C_2)]^2+2r\frac{\partial y}{\partial C_1}\frac{\partial y}{\partial C_2}u(C_1)u(C_2)}$$

$$=0.019\ \text{mPa·s}$$

### 六、合成标准不确定度和扩展不确定度的计算

**1. 合成标准不确定度的计算**

各不确定度分量汇总于表 5-6。

由不确定度合成公式计算合成标准不确定度为：

$$u(\eta) = \sqrt{[u_A(\eta)]^2 + [u_B(\eta)]^2} = \sqrt{0.003\ 7^2 + 0.019^2}\ \text{mPa} \cdot \text{s} = 0.019\ 4\ \text{mPa} \cdot \text{s}$$

**2. 扩展不确定度的计算**

本例中，取 $k=2$，包含概率为 95%，则扩展不确定度为：

$$U(\eta) = ku(\eta) = 2 \times 0.019\ 4\ \text{mPa} \cdot \text{s} \approx 0.039\ \text{mPa} \cdot \text{s}$$

**表 5-6　高温高剪切黏度测量不确定度分量汇总表**

| 项　目 | 标准不确定度 | 灵敏系数 |
|---|---|---|
| 重复测量引入的不确定度 $u_A(\eta)$ | 0.003 7 mPa·s | 1 |
| 校正系数 $C_1$ 引入的不确定度 $u(C_1)$ | $1.11 \times 10^{-8}$ | 31 616.61 kPa·s |
| 校正系数 $C_2$ 引入的不确定度 $u(C_2)$ | 0.003 94 mPa·s² | $-0.067\ \text{s}^{-1}$ |
| 流出时间引入的不确定度 $u(t)$ | 0.05 s | 0.380 mPa |
| 压力引入的不确定度 $u(p)$ | 0.398 kPa | 0.0 150 218 s |
| 合成标准不确定度 $u(\eta)$ | 0.019 4 mPa·s | — |
| 扩展不确定度 $U(\eta)$ | 0.04 mPa·s | — |

### 七、报告结果

该润滑油的高温高剪切黏度结果为：

$$\eta = 3.64\ \text{mPa} \cdot \text{s} \pm 0.04\ \text{mPa} \cdot \text{s}$$

$$(包含因子\ k=2)$$

## 第三节　原油倾点测量的不确定度评定

### 一、目　的

依据 GB/T 26985—2018《原油倾点的测定》，对原油的最高（上）倾点进行测定并评定其不确定度。

### 二、测量步骤

按照标准的规定处理原油样品，然后将其倒入测量管至刻线处，按程序进行测定。在高于预期倾点 9 ℃（3 ℃的整倍数）时开始试验是否达到倾点，记录观察到试样不流动

时的温度,此温度加上 3 ℃为倾点。

对一个编号为 19-2981 的进口尼日利亚 QUA IBOE 原油样品进行测定,预期倾点为 5～6 ℃,从 15 ℃开始每 3 ℃检查一次是否停止流动,重复测量 2 次,具体结果见表 5-7。

表 5-7　一个进口原油样品倾点测定结果

| 序　号 | 样　品 | 温度计读数/℃ | 校准后读数/℃ | 倾点/℃ |
|---|---|---|---|---|
| 1 | 19-2981 | 3.2 | 2.31 | 5.31 |
| 2 | 19-2981 | 2.5 | 1.61 | 4.61 |
| 平均值 | | 2.85 | 1.96 | 4.96 |

### 三、测量模型

测量模型见式(5-14)。

$$PT = t + \Delta t + 3\ ℃ \tag{5-14}$$

式中　$PT$——倾点,℃;

　　　$t$——观测到的温度计读数,℃;

　　　$\Delta t$——校准证书提供的读数校准值,℃。

### 四、不确定度来源的识别

由检测过程及式(5-14)可以分析得出,倾点的不确定度来源于样品的均匀性及前处理过程的一致性、温度计读数精度的偏差、校准值的不确定度、读数间隔的不确定度等。

由于温度计读数进行了校准,因此不存在温度计刻线的最大允许偏差。

图 5-5 列出了各个不确定度分量的来源。

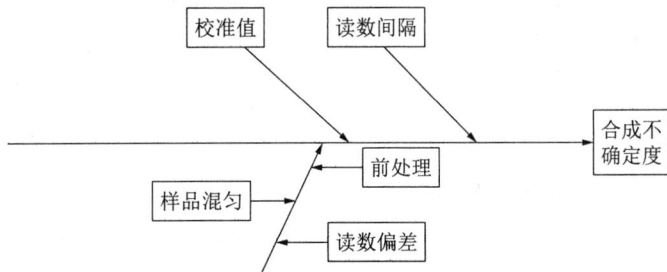

图 5-5　原油倾点测量的不确定度来源因果图

### 五、不确定度的评定

#### 1. 标准不确定度的 A 类评定

各种随机因素导致的不确定度用 A 类方式评定。本次实验测得 2 次结果,采用极差法评定 A 类标准不确定度。

$$u_A(\overline{PT}) = \frac{PT_{\max} - PT_{\min}}{d_2 \times \sqrt{2}} = \frac{0.7}{1.13 \times \sqrt{2}} \ ℃ = 0.44 \ ℃$$

A 类标准不确定度 $u_A(\overline{PT})$ 的自由度 $\nu = 0.9$。

**2. 标准不确定度的 B 类评定**

1）温度计校准的不确定度

温度计读数的校准值导致的不确定度按 B 类方式评定,校准证书显示校准结果的不确定度为 0.2 ℃,$k = 2$,则 B 类不确定度为:

$$u_B(\Delta t) = \frac{0.2}{2} \ ℃ = 0.1 \ ℃$$

2）读数间隔的不确定度

两个检查试样流动状态的间隔即读数间隔为 3 ℃,可以视为"半宽"为 1.5 ℃,取均匀分布,则 B 类标准不确定度为:

$$u_B(t) = \frac{1.5}{\sqrt{3}} \ ℃ = 0.866 \ ℃$$

3）合成 B 类不确定度

两个 B 类不确定度分量互不相关,则有:

$$u_B = \sqrt{[u_B(\Delta t)]^2 + [u_B(t)]^2} = 0.872 \ ℃$$

# 六、报告结果

A 类、B 类合成不确定度为:

$$u(\overline{PT}) = \sqrt{u_A^2 + u_B^2} \qquad (5\text{-}15)$$

$$= \sqrt{0.44^2 + 0.872^2} \ ℃ = 0.977 \ ℃ \approx 1.0 \ ℃$$

A 类标准不确定度 $u_A(\overline{PT})$ 的自由度太小,应计算有效自由度 $\nu_{\text{eff}}$;B 类标准不确定度来源于校准证书及读数间隔最大偏差估计,可信度较高,自由度取 50。

$$\nu_{\text{eff}} = \frac{[u(\overline{PT})]^4}{\dfrac{u_A^4}{\nu_A} + \dfrac{u_B^4}{\nu_B}} = \frac{1.0^4}{\dfrac{0.44^4}{0.9} + \dfrac{0.872^4}{50}} = 18.79 = 18$$

包含因子 $k$ 取 $t$ 分布临界值,即

$$k = t_{0.95}(18) = 2.10$$

扩展不确定度为:

$$U = 2.10 \times 1.0 \ ℃ = 2.1 \ ℃$$

按标准不确定度报告:编号 19-2981 的进口尼日利亚 QUA IBOE 原油样品重复测定最高(上)倾点 2 次,以平均值报告倾点 $PT$ 结果为 5.0 ℃,标准不确定度 $u$ 为 1.0 ℃,包含因子取 $t_{0.95}(18) = 2.10$。

按扩展不确定度报告:编号 19-2981 的进口尼日利亚 QUA IBOE 原油样品重复测

定最高(上)倾点 2 次,以平均值报告倾点 $PT$ 结果为 5.0 ℃,扩展不确定度 $U$ 为 2.1 ℃,$p=95\%$,$k=t_{0.95}(18)=2.10$。

### 七、不确定度的应用

将各个不确定度分量列入表 5-8,可以看出 B 类不确定度贡献较大。在测定倾点时有两个方面很重要:一是样品前处理,二是读数。前者影响 A 类不确定度,后者影响 B 类不确定度。

**表 5-8　不确定度分量及贡献**

| 不确定度分量 | 不确定度 $u$ | 灵敏系数 $|c|$ | 贡献 $|c|\times u$ |
|---|---|---|---|
| A 类 | 0.44 ℃ | 1 | 0.44 ℃ |
| B 类 | 0.872 ℃ | 1 | 0.872 ℃ |
| B 类分量——校准 | 0.1 ℃ | 1 | 0.1 ℃ |
| B 类分量——间隔 | 0.866 ℃ | 1 | 0.866 ℃ |
| 合成标准不确定度 | 1.0 ℃ | — | — |

张浩等在《试验条件对油品倾点测试结果的影响》一文中认为:倾点测试结果严重依赖于测试过程,不同的试验条件会得到差别较大的结果,如加热经历、试验过程的检测频率都会对结果有较大的影响。预热温度越高、高温预热经历的时间越短,测得的倾点值越低。预期倾点设置越高,会导致倾点测试结果越低。冷浴降温梯度加大会使试样降温速率过快,倾点测试结果降低。对于同一个样品,实验室内可以较好地控制前处理过程,但在实验室间较难控制一致。青岛海关技术中心 2018 年组织的残渣燃料油能力验证计划中,倾点的极差达到 18.4 ℃,《原油倾点的测定》(GB/T 26985—2018)重复性限 3 ℃、再现性限 18 ℃,这都说明了在实验室间维持结果一致的难度。

从 A 类、B 类不确定度的评估来看,本实验的改进措施可以从两个方面展开:① 研发前处理设备,程序控制前处理过程,力图使实验室内、实验室间保持处理过程的一致性;② 研发减小读数间隔的自动设备。

# 第四节　原油黏度测量的不确定度评定

## 一、目　的

依据 SY/T 0520—2008《原油黏度测定　旋转黏度计平衡法》,以流变仪测试原油的黏度,并评定原油黏度测定结果的不确定度。

## 二、测量步骤

启动流变仪,设定好剪切速率(70 s$^{-1}$)和测试温度 $T$(50 ℃),等待测试。将原油加入流变仪测试筒内,恒温 20 min 后开始测试。流变仪测试原油黏度稳定后读取黏度值。测定流程如图 5-6 所示。

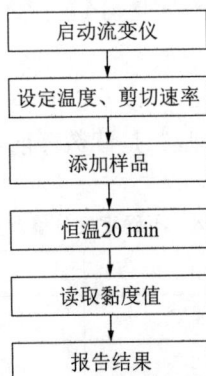

```
      ┌─────────────┐
      │  启动流变仪  │
      └──────┬──────┘
             ↓
      ┌─────────────┐
      │ 设定温度、剪切速率 │
      └──────┬──────┘
             ↓
      ┌─────────────┐
      │  添加样品    │
      └──────┬──────┘
             ↓
      ┌─────────────┐
      │  恒温20 min  │
      └──────┬──────┘
             ↓
      ┌─────────────┐
      │  读取黏度值  │
      └──────┬──────┘
             ↓
      ┌─────────────┐
      │  报告结果    │
      └─────────────┘
```

图 5-6  原油黏度测定流程

## 三、测量模型

现在流变仪的自动化程度较高,可以直接读取原油黏度值,即

$$\eta = \eta_1 \tag{5-16}$$

式中　$\eta$——原油黏度,mPa·s;

　　　$\eta_1$——原油黏度测试值,mPa·s。

## 四、不确定度来源的识别

A 类不确定度来源于测定方法、测试设备、过程操作、温度波动、试样均匀性及其他一些随机性因素方面,B 类不确定度来源于流变仪校准等方面。

图 5-7 所示的因果图详细列出了各个不确定度分量的来源。

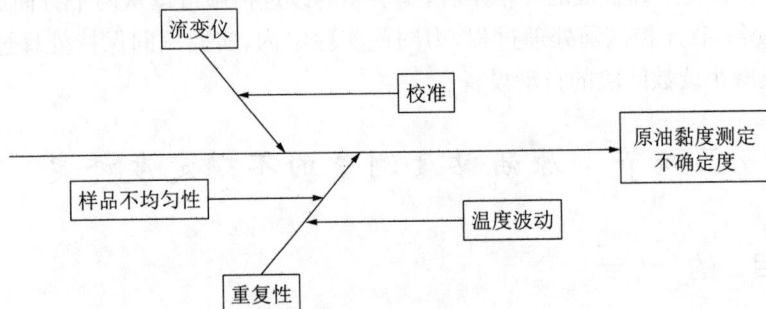

```
   流变仪              校准
      \                 |
       \                ↓            ┌──────────┐
        \───────────────────────────│ 原油黏度测定 │
       /                ↑            │ 不确定度    │
      /                 |            └──────────┘
   样品不均匀性        温度波动
      /
   重复性
```

图 5-7  原油黏度测量的不确定度来源因果图

## 五、不确定度的评定

### 1. 标准不确定度的 A 类评定

通常,由被测试样的不均匀性以及测定过程中温度可能会发生波动这些重复性

因素引入的不确定度可用 A 类评定方式得出,即可从样品整体中抽取多份试样分别测量,并对结果进行统计计算,即可得到原油黏度测量重复性实验引入的标准不确定度分量。

以测定原油样品为例,在相同条件下连续进行 10 次样品黏度重复测量,结果见表 5-9。

表 5-9　原油黏度重复性测量数据

| 序　号 | $\eta/(mPa \cdot s)$ | 序　号 | $\eta/(mPa \cdot s)$ |
|---|---|---|---|
| 1 | 356.3 | 6 | 352.6 |
| 2 | 354.8 | 7 | 351.6 |
| 3 | 349.6 | 8 | 353.4 |
| 4 | 350.6 | 9 | 355.6 |
| 5 | 357.8 | 10 | 346.3 |
| 平均值 $\bar{\eta}/(mPa \cdot s)$ | 352.86 | | |

根据表 5-9 中数据可求出 10 次实验结果的平均值($\bar{\eta}$)为 352.86 mPa·s,用贝塞尔公式求得单次测量结果的实验标准差为:

$$s(\eta) = \sqrt{\frac{1}{n-1}\sum_{i=1}^{n}(\eta_i - \bar{\eta})^2} = 3.47 \text{ mPa} \cdot \text{s}$$

本例报告的黏度值为 10 次测量的平均值,因此样品重复测量引入的标准不确定度 $u_A$ 为:

$$u_A = \frac{\sqrt{\frac{1}{n-1}\sum_{i=1}^{n}(\eta_i - \bar{\eta})}}{\sqrt{n}} = 1.09 \text{ mPa} \cdot \text{s}$$

**2. 标准不确定度的 B 类评定**

流变仪校准证书上给出了扩展不确定度 $U_p = 2.1\%$,取正态分布,$k=2$,因此黏度计校准引入的相对不确定度为:

$$u_{B1} = \frac{U_p}{k} = 1.05\%$$

由于流变仪使用标准黏度液进行校准,所以应考虑标准黏度液的不确定度。查标准黏度液证书可得,标准黏度液的不确定度 $U_{p2} = 0.38\%$,取 $k=2$,因此标准黏度液引入的相对不确定度为:

$$u_{B2} = \frac{U_{p2}}{k} = 0.19\%$$

由于各分量均不相关,所以合成 B 类标准不确定度为:

$$u_B = \bar{\eta}\sqrt{u_{B1}^2 + u_{B2}^2} = 352.86 \text{ mPa} \cdot \text{s} \times 1.067\% = 3.77 \text{ mPa} \cdot \text{s}$$

### 六、合成标准不确定度和扩展不确定度的计算

**1. 合成标准不确定度的计算**

由不确定度合成公式计算合成标准不确定度为：

$$u_c = \sqrt{u_B^2 + u_A^2} == \sqrt{3.77^2 + 1.09^2} \text{ mPa·s} = 3.92 \text{ mPa·s}$$

**2. 扩展不确定度的计算**

本例中，取包含因子 $k=2$，则扩展不确定度为：

$$U = ku_c = 7.84 \text{ mPa·s}$$

## 七、报告结果

取 10 次实验结果的平均值报告结果，即

$$\eta = 352.86 \text{ mPa·s} \pm 7.84 \text{ mPa·s}$$
$$\text{（包含因子 } k=2\text{）}$$

# 第五节 原油沉淀物含量测量的不确定度评定

## 一、目 的

依据 GB/T 6531—1986《原油和燃料油中沉淀物测定法（抽提法）》，以标准原油样品中沉淀物含量为例，评定测定结果的不确定度。

## 二、测量步骤

试样经过充分混合后，立即倒入套筒内约 10 g，称准至 0.01 g。把套筒放到抽提器中，向锥形烧瓶中加入 200～250 mL 甲苯，加热并进行抽提。当从套筒里滴出的溶剂呈无色时，再抽提 30 min。要保证抽提速率能使在套筒内的油和甲苯混合物的液面不高于套筒顶边缘下 20 mm。

抽提完毕，在 115～120 ℃ 的烘箱中干燥套筒 1 h，然后在没有干燥剂的干燥器中冷却 1 h，称准至 0.1 mg。重复抽提，让溶剂从套筒中滴出至少 30 min，但不超过 75 min，按前述操作进行干燥、冷却并称重套筒。2 次连续抽提后套筒的质量之差不大于 0.2 mg。

对一个原油样品进行测定，具体结果见表 5-10。

**表 5-10 一个原油样品沉淀物含量测定结果**

| 测量次数 | 抽提套筒质量 $m_0$/g | 试样质量 $m_1$/g | 抽提后总质量 $m_2$/g | 沉淀物含量 $X$/% |
|---|---|---|---|---|
| 1 | 15.906 7 | 9.913 2 | 15.907 8 | 0.011 |
| 2 | 18.176 7 | 10.272 4 | 18.177 3 | 0.006 |
| 平均值 | 17.041 7 | 10.092 8 | 17.042 55 | 0.01 |

### 三、测量模型

本例中原油沉淀物的测定采用质量法,测量模型见式(5-17)。

$$X = \frac{m_2 - m_0}{m_1} \times 100\%$$ （5-17）

式中 $X$——沉淀物含量,%；

$m_0$——抽提套筒质量,g；

$m_1$——试样质量,g；

$m_2$——抽提后总质量,g。

### 四、不确定度来源的识别

根据测量步骤和测量模型,沉淀物含量测定的 A 类不确定度主要来源于样品取样的均匀性、烘箱温度的波动性及抽提套筒的吸湿性等随机性因素,B 类不确定度主要是称量时天平引入的不确定度。

图 5-8 详细标明了沉淀物含量测定的不确定度的有关来源。

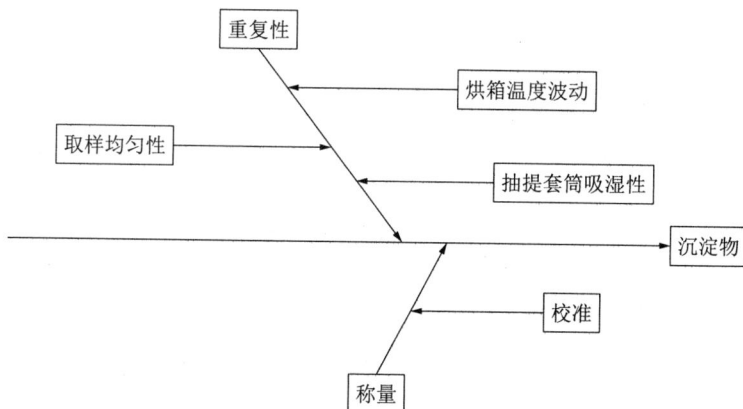

图 5-8 沉淀物含量测定的不确定度来源因果图

### 五、不确定度的评定

#### 1. 标准不确定度的 A 类评定

各种随机因素导致的不确定度用 A 类方式评定。对某一原油样品的沉淀物含量连续测定 10 次,结果见表 5-11。

表 5-11 沉淀物含量测定不确定度数据

| 测定次数 | 抽提套筒质量 $m_0/\text{g}$ | 试样质量 $m_1/\text{g}$ | 抽提后总质量 $m_2/\text{g}$ | 沉淀物含量/% |
|---|---|---|---|---|
| 1 | 15.904 5 | 9.573 2 | 15.906 7 | 0.023 0 |
| 2 | 18.174 5 | 10.104 8 | 18.176 7 | 0.021 8 |

续表

| 测定次数 | 抽提套筒质量 $m_0$/g | 试样质量 $m_1$/g | 抽提后总质量 $m_2$/g | 沉淀物含量/% |
|---|---|---|---|---|
| 3 | 18.120 4 | 10.042 1 | 18.122 6 | 0.021 9 |
| 4 | 15.712 6 | 10.351 8 | 15.715 1 | 0.024 2 |
| 5 | 17.879 7 | 9.862 8 | 17.881 8 | 0.021 3 |
| 6 | 14.950 3 | 9.593 7 | 14.952 2 | 0.019 8 |
| 7 | 18.145 4 | 10.430 8 | 18.147 6 | 0.021 1 |
| 8 | 15.688 7 | 10.262 5 | 15.690 6 | 0.018 5 |
| 9 | 15.707 1 | 10.210 9 | 15.709 2 | 0.020 6 |
| 10 | 15.760 8 | 10.022 4 | 15.763 4 | 0.025 9 |
| 平均值 | 16.604 4 | 10.045 5 | 16.606 59 | 0.021 8 |
| 单次测量标准偏差 $s$ | — | — | — | 0.002 03 |

单次测量标准偏差根据贝塞尔公式计算。如表 5-10 所示,样品测量 2 次($n'=2$),沉淀物含量以平均值报告。平均值的 A 类标准不确定度计算如下:

$$u_A = \frac{s}{\sqrt{n'}} = \frac{0.002\ 03\%}{\sqrt{2}} = 0.001\ 43\%$$

**2. 标准不确定度的 B 类评定**

天平的校准证书显示最大允许误差为 0.000 2 g,每次称量前均需去皮清零,称量的不确定度为:

$$u(m_0) = u(m_1) = u(m_2) = \sqrt{2} \times \frac{0.000\ 2}{\sqrt{3}}\ g = 0.000\ 163\ g$$

因此,天平称量引入的不确定度为:

$$u_B = 100\% \times \sqrt{\left[\frac{-1}{m_1}u(m_0)\right]^2 + \left[-\frac{m_2-m_0}{m_1^2}u(m_1)\right]^2 + \left[\frac{1}{m_1}u(m_2)\right]^2} = 0.002\ 29\%$$

## 六、报告结果

A 类、B 类合成标准不确定度为:

$$u_c = \sqrt{u_A^2 + u_B^2} = 0.002\ 7\%$$

按标准不确定度报告:原油重复测量 2 次沉淀物含量,以平均值报告为 0.01%,合成标准不确定度 $u_c = 0.002\ 7\%$。

按扩展不确定度报告:以平均值报告沉淀物含量测定结果为 0.01%,扩展不确定度 $U = 0.005\ 4\%$,$p = 95\%$,$k = 2$。

## 七、不确定度的应用

将各个不确定度分量列入表 5-12,可以看出 B 类不确定度贡献较大。

表 5-12　不确定度分量及贡献

| 不确定度分量 | 不确定度 u | 灵敏系数 \|c\| | 贡献 \|c\|×u |
|---|---|---|---|
| A 类 | 0.001 43% | 1 | 0.001 43% |
| B 类 | 0.002 29% | 1 | 0.002 29% |
| B 类分量——$m_0$ | 0.000 163 g | 0.099 5 $g^{-1}$ | $1.62 \times 10^{-5}$ |
| B 类分量——$m_1$ | 0.000 163 g | $2.18 \times 10^{-5}$ $g^{-1}$ | $3.55 \times 10^{-9}$ |
| B 类分量——$m_2$ | 0.000 163 g | 0.099 5 $g^{-1}$ | $1.62 \times 10^{-5}$ |
| 总标准不确定度 | 0.002 7% | — | — |

从 A 类、B 类不确定度的评定来看,本实验质量控制措施主要是使用更高精度的天平,其他可以从以下方面展开:控制波动因素,如采用效能更好的烘箱和抽提设备以减少温度波动范围,以及控制室温和相对湿度波动以减少套筒吸湿性等,定期加热套筒以除去积累的沉淀物,以及充分混匀样品等。

# 第六节　原油和液体石油产品密度测量的不确定度评定

## 一、目　的

依据 GB/T 1884—2000《原油和液体石油产品密度实验室测定法(密度计法)》,以柴油样品的密度测定为例,评定密度测定结果的不确定度。

## 二、测量步骤

(1) 在实验温度下,将样品转移到密度计量筒中,并按照操作规程处理样品。

(2) 用合适的温度计或搅拌棒使量筒中样品的密度和温度均匀。记录温度接近到 0.1 ℃。取出温度计或搅拌棒。

(3) 将合适的密度计放入液体中,达到平衡位置时放开,让密度计自由漂浮,避免弄湿液面以上的干管。将密度计压入平衡点以下 1 mm 或 2 mm,并让它回到平衡位置,观察弯月面形状,如果弯月面形状改变,则应清洗密度计干管,重复此项操作。

(4) 对于不透明的黏稠液体,要等待密度计慢慢沉入液体中。对于不透明的低黏稠液体,将密度计压入液体中约两个刻度后再放开。由于干管上多余的液体会影响读数,所以在密度计干管以上部分应尽量减少残留液。

(5) 在放开密度计时,要轻轻地转动一下,使它能在离开量筒壁的地方静止下来并自由漂浮。要有充分的时间让密度计静止,并让所有的气泡升到表面,且读数前要除去所有的气泡。

(6) 当密度计离开量筒壁而自由静止时,按规定读取密度计刻度值,读到最接近刻度间隔的 1/5。

（7）记录密度计读数后，小心取出密度计，并用温度计垂直搅拌样品，记录温度值接近到 0.1 ℃。如果该温度与开始实验时的温度相差大于 0.5 ℃，则应重新读数，直至温度变化稳定在 ±0.5 ℃以内。如果不能得到稳定的温度，则把密度计量筒及其内容物放在恒温浴内，再重新进行测量。

（8）对（7）中观察到的温度计读数做有关修正后，记录接近到 0.1 ℃。

（9）对（6）中观察到的密度计读数做有关修正后，记录到 0.1 kg/m³。

（10）将所得到的密度测量值，根据 GB/T 1885—1998《石油计量表》，转换成 20 ℃时的标准密度。

对一个柴油样品测量 2 次，结果见表 5-13。

表 5-13　柴油样品测量结果

| 测量次数 | $\rho_t/(\text{kg} \cdot \text{m}^{-3})$ | $t/℃$ | $\rho_{20}/(\text{kg} \cdot \text{m}^{-3})$ |
|---|---|---|---|
| 1 | 819.3 | 18.00 | 817.0 |
| 2 | 818.5 | 18.20 | 817.3 |
| 平均值 | 818.9 | 18.10 | 817.2 |

### 三、测量模型

结果报告 20 ℃时的密度值。根据 GB/T 1885—1998《石油计量表》，将测定温度下的密度转换成 20 ℃时的标准密度。以 $F$ 表示查表换算（查表采用内插法，表中数据是考虑玻璃密度计和油液的膨胀等因素经迭代计算得到的），则测量模型如下：

$$\rho_{20} = F(\rho_t, t) \tag{5-18}$$

式中　$t$——测量时的温度，℃；

　　　$\rho_t$——温度 $t$ 时的视密度，kg/m³；

　　　$\rho_{20}$——20 ℃时的标准密度，kg/m³。

### 四、不确定度来源的识别

根据实验情况分析，影响密度测量不确定度的因素有以下几个方面：

（1）密度测量引入的不确定度，主要有密度计校准引入的不确定度、读数视差引入的不确定度等。

（2）温度测量引入的不确定度，主要有温度计校准引入的不确定度、读数视差引入的不确定度等。

（3）实验环境温度变化、温度计和密度计的读数偏差。这些影响因素可以通过多次重复测量进行统计评定，作为 A 类重复性标准不确定度分量。另外，查表进行内插计算也会带来不确定度。

密度测定的不确定度来源因果图如图 5-9 所示。

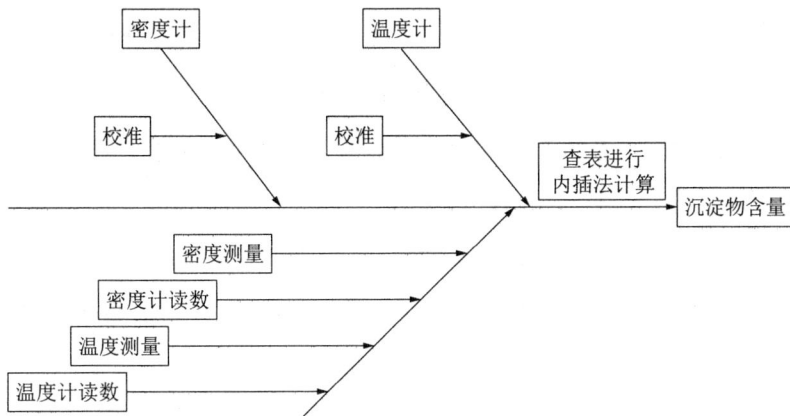

图 5-9 密度测定的不确定度来源因果图

## 五、不确定度的评定

### 1. 标准不确定度的 A 类评定

以某一柴油样品为例,在相同条件下连续进行 10 次样品密度重复测量,并转换成 20 ℃时的标准密度,结果见表 5-14。表 5-15 来源于 GB/T 1885—1998 中的表 59B。

**表 5-14　柴油密度重复性测量数据**

| 测量次数 | 1 | 2 | 3 | 4 | 5 | 6 | 7 | 8 | 9 | 10 | 平均值 $\bar{x}$ |
|---|---|---|---|---|---|---|---|---|---|---|---|
| $\rho_t/(\mathrm{kg \cdot m^{-3}})$ | 819.5 | 819.5 | 819.3 | 819.3 | 819.0 | 819.0 | 818.5 | 818.5 | 818.5 | 818.0 | 818.9 |
| $t/℃$ | 17.9 | 17.9 | 18.0 | 18.0 | 18.1 | 18.1 | 18.2 | 18.2 | 18.2 | 18.5 | 18.1 |
| $\rho_{20}/(\mathrm{kg \cdot m^{-3}})$ | 818.0 | 818.0 | 817.9 | 817.9 | 817.7 | 817.7 | 817.3 | 817.3 | 817.3 | 816.9 | 817.6 |

**表 5-15　与本次测量有关的 GB/T 1885—1998 表 59B 的部分数据**

| 温度/℃ | 视密度 $\rho_t/(\mathrm{kg \cdot m^{-3}})$ | | |
|---|---|---|---|
| | 817.0 | 819.0 | 821.0 |
| | 20 ℃密度 $\rho_{20}/(\mathrm{kg \cdot m^{-3}})$ | | |
| 17.75 | 815.4 | 817.4 | 819.4 |
| 18.00 | 815.6 | 817.6 | 819.6 |
| 18.25 | 815.8 | 817.8 | 819.8 |

以表 5-14 中第 1 次检测结果为例说明内插法的换算,前两步先换算 17.9 ℃时的视密度 819.0 kg/m³ 和 821.0 kg/m³ 对应的 20 ℃密度,接着把 17.9 ℃时的视密度 819.5 kg/m³ 换算成 20 ℃时的密度。

$$\rho_{17.9,1} = \left[ 817.4 + \frac{(17.9 - 17.75)}{0.25} \times 0.2 \right] \mathrm{kg/m^3} = 817.52 \ \mathrm{kg/m^3}$$

$$\rho_{17.9,2}=\left[819.4+\frac{(17.9-17.75)}{0.25}\times 0.2\right] \text{kg/m}^3=819.52 \text{ kg/m}^3$$

$$\rho_{20}=\left[817.52+2\times\frac{819.5-819}{821-819}\right]\text{kg/m}^3=818.02 \text{ kg/m}^3=818.0 \text{ kg/m}^3$$

利用贝塞尔公式,求得 20 ℃时密度单次测量结果的实验标准偏差为:

$$s(\rho_{20})=\sqrt{\frac{\sum_{i=1}^{n}(x_i-\bar{x})^2}{n-1}}=0.377 \text{ kg/m}^3$$

实际测定 2 次(表 5-13),计算 20 ℃时标准密度的 2 次平均值的标准偏差,得出 A 类标准不确定度为:

$$u_A=s(\bar{\rho}_{20})=\frac{s(\rho_{20})}{\sqrt{2}}=\frac{0.377}{\sqrt{2}} \text{ kg/m}^3=0.267 \text{ kg/m}^3$$

**2. 标准不确定度的 B 类评定**

1) 密度计引入的标准不确定度分量 $u(\rho_t)$

由于观测者的位置和观测者个人习惯的不同,可能对同一状态下的显示值读数会有所不同,这种差异将产生不确定度。实验方法标准要求读到最接近刻度间隔的1/5。由读数引入的偏差通过重复测量进行评定,即已经包含在 A 类不确定度之中。

实验选用测量范围 800~850 kg/m³、分度值为 0.5 kg/m³ 的 SY-05 型密度计。该密度计校准证书上给出扩展不确定度 $U_p=0.20$ kg/m³,正态分布情况下的置信概率为 95%,$k=2$,则密度计的不确定度为:

$$u(\rho_t)=\frac{U_p}{k}=\frac{0.20}{2} \text{ kg/m}^3=0.10 \text{ kg/m}^3$$

从 $\rho_{20}$ 的内插计算可以看出,$u(\rho_t)$ 传递给 $\rho_{20}$,灵敏系数为 1,因此密度计导致的 $\rho_{20}$ 的不确定度为:

$$u(\rho_{20})=u(\rho_t)=0.10 \text{ kg/m}^3$$

2) 温度引入的标准不确定度分量 $u(t)$

由于观测者的位置和观测者个人习惯的不同,可能对同一状态下的显示值读数会有所不同,这种差异将产生不确定度。这种影响通过重复测量引入的不确定度分量加以评定,即已经包含在 A 类不确定度之中。

实验所用温度计的测量范围为 $-1\sim 38$ ℃,分度值为 0.1 ℃。校准证书中给出扩展不确定度 $U_p=0.03$ ℃,$k=2$。按照表 5-15,在 0.25 ℃间隔范围内密度-温度变化斜率为 $\beta$,则温度计的校准不确定度为:

$$\beta=\frac{0.2 \text{ kg/m}^3}{0.25 \text{ ℃}}=0.8 \text{ kg/(m}^3\cdot\text{℃)}$$

$$u(t)=\frac{U_p}{k}\beta=\frac{0.03}{2}\times 0.8 \text{ kg/m}^3=0.012 \text{ kg/m}^3$$

3) 密度计量表(表 59B)引入的标准不确定度分量 $u(F)$

参考 GB/T 1885—1998 附录 B,石油计量表中数字最大偏差 0.05 kg/m³,取均匀分布,则不确定度为$\dfrac{0.05}{\sqrt{3}}$ kg/m³＝0.029 kg/m³。从 $\rho_{20}$ 的内插计算可以看出至少用到 4 个数据,可以简单认为计量表传递的不确定度为 4×0.029 kg/m³＝0.116 kg/m³。

### 六、合成标准不确定度和扩展不确定度的计算

**1. 合成标准不确定度的计算**

各分量均不相关,由不确定度合成公式计算合成标准不确定度为:

$$u_c(\rho_{20}) = \sqrt{[u(\rho_{20})]^2 + [u(t)]^2 + [u(F)]^2 + u_A^2}$$

$$= \sqrt{0.10^2 + 0.012^2 + 0.116^2 + 0.267^2} \text{ kg/m}^3 = 0.3 \text{ kg/m}^3$$

**2. 扩展不确定度的计算**

扩展不确定度是由合成标准不确定度 $u_c(\rho_{20})$ 乘以包含因子 $k$ 得到的,取包含因子 $k=2$,则:

$$U = k u_c(\rho_{20}) = 2 \times 0.3 \text{ kg/m}^3 = 0.6 \text{ kg/m}^3$$

### 七、报告结果

密度测量结果可表示为:

$$\rho_{20} = (817.2 \pm 0.6) \text{ kg/m}^3, \quad k=2$$

### 八、不确定度的应用

从各分量看,A 类不确定度的贡献最大,质量改进的措施主要是提高制样的均匀性及提高人员操作的熟练程度。

# 第七节 原油残炭测量的不确定度评定

## 一、目 的

依据 GB/T 18610.2—2016《原油 残炭的测定 第 2 部分:微量法》,对一批 COLD LAKE 原油的残炭进行测定并评定其不确定度。

## 二、测量步骤

实验前准备质控样品,并对典型样品进行 20 次重复性测试,获得其残炭平均值和标准偏差。事先校准残炭测定仪器的气体流量和显示温度。测试前按照 GB/T 8929—2006 测定试样的含水量,若含水量大于 0.5%(质量分数),则按 SY/T 6520—2014 的要求除水。

按表 5-16 选择适合的样品瓶,清洁并烘干,之后在干燥器中冷却 40 min;称量样品

瓶的质量,记为 $m_1$,精确至 0.000 1 g;装入样品后称量二者的总质量,记为 $m_2$,精确至 0.000 1 g。

表 5-16　样品瓶选择指南

| 预计残炭质量分数/% | 样品瓶容量/mL | 试样量/g | 参考样品外观 |
|---|---|---|---|
| >5 | 2 | 0.15±0.05 | 黑色黏稠液体或固体 |
| 1~5 | 2 | 0.50±0.10 | 棕色或黑色不透明流体 |
| <1 | 2 | 1.50±0.10 | 透明或半透明液体 |
|  | 4 | 3.00±0.10 |  |
|  | 10 | 5.00±0.10 |  |

将样品瓶放入样品瓶架内,同时放入一个质控样品。在生焦炉温度低于 100 ℃时,将样品瓶架置于其中央,并盖好密封盖。按下启动按钮,生焦炉自动进行以下过程:

(1)用流速为 600 mL/min 的氮气吹扫生焦炉 10 min;

(2)将氮气流速降至 150 mL/min,并以 10~15 ℃/min 的升温速率加热至 500 ℃;

(3)炉温在(500±2)℃保持 15 min,然后关闭加热装置,使炉子在 600 mL/min 的氮气吹扫下自然冷却。

当炉温低于 250 ℃时,打开密封盖,取出样品瓶架,关闭氮气流,将架子置于干燥器中冷却至室温。称量测试后样品瓶的质量 $m_3$,精确至 0.000 1 g。如果试样溅出,则使用更大号的样品瓶或减少称样量后重新测定。

对一批 COLD LAKE 原油样品测定 2 次,结果见表 5-17。

表 5-17　一批 COLD LAKE 原油样品测定结果

| 序　号 | $m_1$/g | $m_2$/g | $m_3$/g | $w$/% |
|---|---|---|---|---|
| 1 | 2.858 4 | 3.373 3 | 2.911 4 | 10.293 3 |
| 2 | 2.876 1 | 3.409 5 | 2.931 9 | 10.461 2 |
| 平均值 | 2.867 25 | 3.391 4 | 2.921 65 | 10.377 3 |

### 三、测量模型

测量模型见式(5-19)。

$$w = \frac{m_3 - m_1}{m_2 - m_1} \times 100\% \tag{5-19}$$

式中　$m_1$——样品瓶质量,g;

　　　$m_2$——样品瓶与试样质量,g;

　　　$m_3$——样品瓶与残炭质量,g;

　　　$w$——试样的残炭质量分数,%。

**注意:**计算后的数据应经修约后得出结果——当残炭不小于 10% 时,结果修约至

0.1%（质量分数）；当残炭小于10%时，结果修约至0.01%。

## 四、不确定度来源的识别

由检测过程及式(5-19)可以分析得出，残炭质量分数的不确定度来源于样品的均匀性、取样的代表性、炉的控温情况、气体的流量波动、样品含水量、称量不确定度和修约不确定度等。图5-10列出了各个不确定度分量的来源。

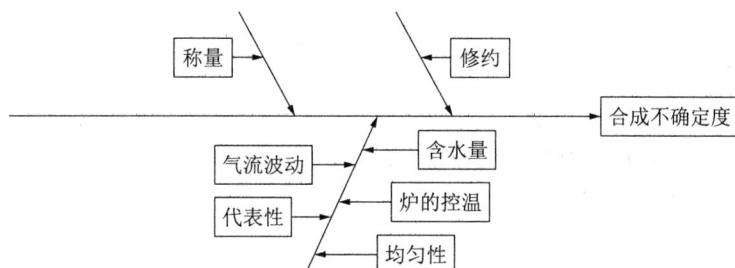

图 5-10　残炭测定的不确定度来源因果图

## 五、不确定度的评定

### 1. 标准不确定度的 A 类评定

对一个质控样品（ESPO原油）测量20次，采用预评定法评定 A 类不确定度，结果见表5-18。

表 5-18　质控样品测量数据

| 序　号 | $m_1$/g | $m_2$/g | $m_3$/g | $w$/% |
|---|---|---|---|---|
| 1 | 2.876 1 | 3.387 7 | 2.887 9 | 2.306 5 |
| 2 | 2.881 1 | 3.386 7 | 2.892 8 | 2.314 1 |
| 3 | 2.871 5 | 3.391 6 | 2.883 5 | 2.307 2 |
| 4 | 3.048 3 | 3.549 5 | 3.059 9 | 2.314 4 |
| 5 | 2.787 6 | 3.248 1 | 2.797 7 | 2.193 3 |
| 6 | 2.877 8 | 3.342 1 | 2.888 1 | 2.218 4 |
| 7 | 2.893 6 | 3.396 7 | 2.905 2 | 2.305 7 |
| 8 | 3.091 4 | 3.586 9 | 3.102 8 | 2.300 7 |
| 9 | 2.844 5 | 3.315 3 | 2.855 3 | 2.294 0 |
| 10 | 2.891 9 | 3.368 7 | 2.902 9 | 2.307 0 |
| 11 | 3.279 0 | 3.756 7 | 3.289 5 | 2.198 0 |
| 12 | 2.886 3 | 3.364 4 | 2.896 9 | 2.217 1 |
| 13 | 2.890 2 | 3.363 9 | 2.900 8 | 2.237 7 |
| 14 | 3.079 9 | 3.555 4 | 3.090 5 | 2.229 2 |
| 15 | 3.037 4 | 3.535 5 | 3.048 5 | 2.228 5 |

| 序　号 | $m_1/g$ | $m_2/g$ | $m_3/g$ | $w/\%$ |
|---|---|---|---|---|
| 16 | 3.227 8 | 3.685 0 | 3.237 9 | 2.209 1 |
| 17 | 3.264 4 | 3.759 6 | 3.275 5 | 2.241 5 |
| 18 | 3.308 3 | 3.771 4 | 3.318 5 | 2.202 5 |
| 19 | 3.361 0 | 3.831 7 | 3.371 4 | 2.209 5 |
| 20 | 2.970 5 | 3.451 2 | 2.981 1 | 2.205 1 |
| 平均值($n=20$) | — | — | — | 2.252 0 |
| 标准偏差 $s$ | — | — | — | 0.047 1 |

各种随机因素导致的不确定度用 A 类评定。本次实验测得 2 次结果,采用预评定法评定 A 类标准不确定度:

$$u_A(\overline{w}) = \frac{s}{\sqrt{2}} = 0.033\ 3\%$$

A 类标准不确定度 $u_A(\overline{w})$ 的自由度 $\nu=19$。

**2. 标准不确定度的 B 类评定**

1)天平称量引入的不确定度

本实验的 B 类不确定度的来源只有天平称量。校准证书显示,天平的最大允许误差为 0.000 5 g,$k=\sqrt{3}$,每次测量均包含天平清零,则 B 类不确定度为:

$$u(m) = \sqrt{2} \times \frac{0.000\ 5\ g}{\sqrt{3}} = 0.000\ 408\ g$$

按式(5-19)所示的测量模型,以表 5-17 中的平均值代入,合成 B 类不确定度为:

$$u_B(m) = 100 \times \sqrt{\left[\frac{m_3-m_2}{(m_2-m_1)^2}u(m)\right]^2 + \left[-\frac{m_3-m_1}{(m_2-m_1)^2}u(m)\right]^2 + \left[\frac{1}{m_2-m_1}u(m)\right]^2}$$

$$= 100 \times u(m) \times \sqrt{1.709\ 8^2 + 0.198\ 0^2 + 1.907\ 9^2} = 0.105\%$$

2)修约不确定度

样品残炭结果修约至 0.1%,可以视半宽为 0.05%。以 $R(\overline{w})$ 表示修约,取均匀分布,则 B 类不确定度为:

$$u_B[R(\overline{w})] = \frac{0.05}{\sqrt{3}} = 0.028\ 9\%$$

3)合成 B 类不确定度

合成 B 类不确定度为:

$$u_B(\overline{w}) = \sqrt{u_B^2(m) + u_B^2[R(\overline{w})]} = 0.109\%$$

# 六、报告结果

A 类、B 类合成不确定度为:

$$u(\overline{w}) = \sqrt{u_A^2(\overline{w}) + u_B^2(\overline{w})}$$

$$= \sqrt{0.033\ 3^2 + 0.109^2} = 0.114\% \approx 0.1\%$$

扩展不确定度为：

$$U = 2 \times 0.114\% \approx 0.2\%$$

按标准不确定度报告：一批 GOLD LAKE 原油样品重复测定残炭 2 次,以平均值报告结果为 10.4%,标准不确定度 $u=0.1\%$,$k=2$。

按扩展不确定度报告：一批 GOLD LAKE 原油样品重复测定残炭 2 次,以平均值报告结果为 10.4%,扩展不确定度 $U=0.2\%$,$p=95\%$,$k=2$。

## 七、不确定度的应用

将各个不确定度分量列入表 5-19,可以看出 B 类不确定度贡献较大,本实验的改进措施是适当提高试样量,减小灵敏系数。提高试样量时要注意坩埚容量,同时要通过实验确定灼烧的彻底程度。本次实验已经将试样量扩大至 0.5 g。

### 表 5-19　不确定度分量及贡献

| 标准不确定度 | 不确定度 $u$ | 灵敏系数 $|c|$ | 贡献 $|c| \times u$ |
|---|---|---|---|
| 合成不确定度 | 0.114% | — | — |
| A 类 | 0.033 3% | 1 | 0.033 3% |
| B 类 | 0.109% | 1 | 0.109% |
| B 类分量——坩埚 | 0.000 408 g | $1.709\ 8 \times 10^2\ g^{-1}$ | 0.069 8% |
| B 类分量——样品+坩埚 | 0.000 408 g | $0.198\ 0 \times 10^2\ g^{-1}$ | $8.08 \times 10^{-3}\%$ |
| B 类分量——残炭+坩埚 | 0.000 408 g | $1.907\ 9 \times 10^2\ g^{-1}$ | 0.077 9% |
| B 类分量——修约 | 0.028 9% | 1 | 0.028 9% |

# 第八节　总污染物测量的不确定度评定

## 一、目　的

根据 GB/T 33400—2016《中间馏分油、柴油及脂肪酸甲酯中总污染物含量测定法》,称量一定量的试样,在真空条件下用预先称量的滤膜过滤。将有残留物的滤膜洗涤、干燥并称重,用滤膜的质量差计算总污染物含量,并以 mg/kg 表示。报告试样的总污染物含量 $\mu$,精确至 0.5 mg/kg。总污染物测定的不准确度评定以 CNAS-GL006—2019《化学分析中不确定度的评估指南》和 CNAS-CL01-G003—2019《测量不准确度的要求》为依据,充分考虑影响检测结果的主要因素后,根据实验室典型样品测定的结果进行评定。

## 二、总污染物测定步骤及不确定度的来源分析

### 1. 测定流程图

总污染物测定流程如图 5-11 所示。

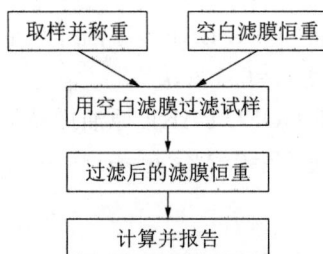

图 5-11　总污染物测定流程图

### 2. 影响测定结果的因素分析

图 5-12 列出了各个不确定度分量的来源。

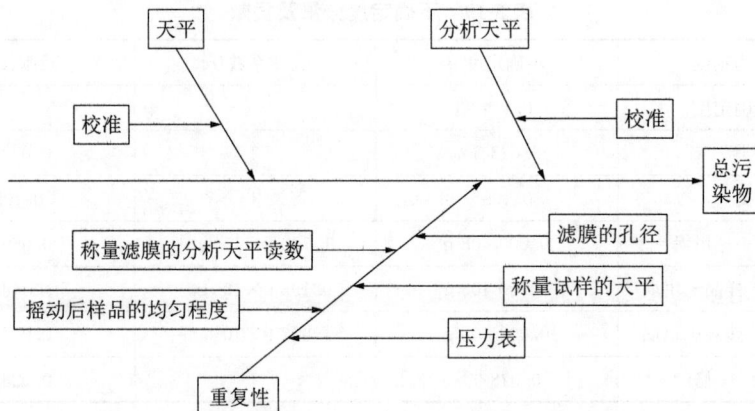

图 5-12　总污染物测定的不确定度来源因果图

### 3. 总污染物测定不确定度的来源描述

总污染物测定过程中不确定度的来源主要分为两大类：一类是重复测定样品带来的统计学上的标准偏差，也称为 A 类不确定度；一类是 B 类不确定度，包括称量试样的天平引入的不确定度、称量滤膜的分析天平引入的不确定度。B 类不确定度评定的信息来源于检定证书、校准证书等。样品总污染物含量的计算公式为：

$$\mu = \frac{1\,000(m_2 - m_1)}{m_E} \tag{5-20}$$

式中　$\mu$——总污染物含量，mg/kg；

$m_1$——过滤前滤膜质量，mg；

$m_2$——过滤后滤膜质量，mg；

$m_E$——试样质量，g。

### 三、标准不确定度的评定

**1. A 类评定——对观测列进行统计分析所进行的评定**

以某一柴油样品为例,将样品按照标准的要求摇匀后依次倒入 6 个量筒中分别进行过滤实验,结果见表 5-20。

表 5-20 总污染物的检测结果

| 实验次序 | 1 | 2 | 3 | 4 | 5 | 6 | 平均值 |
|---|---|---|---|---|---|---|---|
| $\mu/(\mathrm{mg \cdot kg^{-1}})$ | 14.0 | 15.0 | 14.5 | 13.0 | 14.5 | 14.0 | 14.0 |

采用贝塞尔公式计算:

$$s(\mu_i) = \sqrt{\dfrac{\sum\limits_{i=1}^{n}(\mu_i - \bar{\mu})^2}{n-1}} \tag{5-21}$$

代入数据得到:

$$s(\mu_i) = 0.71 \ \mathrm{mg/kg}$$

由此可以得到单次测量 A 类标准不确定度为:

$$u_A = s(\mu_i) = 0.71 \ \mathrm{mg/kg}$$

相对标准不确定度为:

$$u_{r,A} = \frac{u_A}{\bar{\mu}} = \frac{0.71}{14.0} = 0.051$$

**2. B 类评定**

1) 天平(用于称量试样的质量)引入的不确定度

称量试样所用天平的称量精度为 0.01 g,本实验称量样品的质量一般介于 240～280 g 之间,称量的样品质量 $m_E$ 的结果为 250 g,该范围内天平的法定允许误差为 ±0.15 g,且均匀分布。称量时分 2 次,一次为称量皮重,另一次为称量毛重。综上所述,天平称量引入的不确定度为:

$$u(m_E) = \sqrt{2} \times 0.15/\sqrt{3} \ \mathrm{g} = 0.122 \ \mathrm{g}$$

2) 分析天平(用于称量滤膜的质量)引入的不确定度

称量滤膜所用分析天平的称量精度为 0.000 1 g,本实验称量滤膜的质量一般介于 0.1～0.2 g 之间,称量的滤膜质量 $m_1$ 的结果为 130.0 mg,过滤后称量的滤膜质量 $m_2$ 的结果为 133.5 mg,该范围内天平的法定允许误差为 ±0.000 5 g,且均匀分布。称量时分 2 次,一次为称量皮重,另一次为称量毛重。综上所述,分析天平称量引入的不确定度为:

$$u(m_1) = u(m_2) = \sqrt{2} \times \frac{0.000\ 5}{\sqrt{3}} \ \mathrm{g} = 0.408 \ \mathrm{mg}$$

3) 合成称量不确定度

按测量模型合成称量引入的不确定度 $u_B(m)$ 为:

$$u_B(m) = 1\,000 \times \sqrt{\left[-\frac{m_2 - m_1}{m_E^2} \times u(m_E)\right]^2 + \left[\frac{u(m_1)}{m_E}\right]^2 + \left[\frac{u(m_2)}{m_E}\right]^2}$$

$$= 2.31 \text{ mg/kg}$$

相对标准不确定度为：

$$u_{r,B}(m) = \frac{2.31}{14.0} = 0.165$$

4）数字修约引入的标准不确定度

由于报告试样的总污染物含量 $\mu$ 精确至 0.5 mg/kg，取均匀分布，以 $R$ 表示修约，则修约引入的标准不确定度为：

$$u(R) = \frac{0.5}{2 \times \sqrt{3}} \text{ mg/kg} = 0.145 \text{ mg/kg}$$

相对标准不确定度为：

$$u_r(R) = \frac{0.145}{14.0} = 0.01$$

## 四、合成标准不确定度和扩展不确定度的计算

### 1. 合成标准不确定度的计算

由于各分量之间无相关性，所以合成相对标准不确定度的计算式为：

$$\frac{u_c}{u} = \sqrt{u_{r,A}^2 + [u_{r,B}(m)]^2 + [u_r(R)]^2} = \sqrt{0.051^2 + 0.165^2 + 0.01^2} = 0.173$$

即合成标准不确定度为：

$$u_c = 0.173 \times 14.0 \text{ mg/kg} = 2.42 \text{ mg/kg}$$

### 2. 扩展不确定度的计算

当取正态分布，包含概率为 95% 时，取包含因子 $k=2$，则扩展不确定度 $U = ku_c = 2 \times 2.42$ mg/kg $= 4.84$ mg/kg，即取 $U$ 为 4.8 mg/kg。

## 五、报告结果

由以上计算结果可知，当总污染物单次测定的结果为 14.0 mg/kg 时，扩展不确定度 $U = 4.8$ mg/kg，它是由合成标准不确定度 $u_c = 2.4$ 乘以包含因子 $k=2$ 得到的。

当测定样品中总污染物含量为 14 mg/kg 时，标准规定的重复性限为 2.5 mg/kg，再现性限为 6.4 mg/kg。以上评定的扩展不确定度结果为 4.8 mg/kg，处于二者之间，可以看出评定出的总污染物测定不确定度满足实验要求，可信度较高。结果表示为 $(14.0 \pm 4.8)$ mg/kg。

## 六、不确定度的应用

本方法除随机因素引入的不确定度外，主要是天平称量引入的不确定度，因此使用更为精密的天平可降低不确定度。

# 第六章 其他石化产品理化实例

## 第一节 气相色谱法测量乙醇汽油中乙醇含量的不确定度评定

### 一、目 的

依据 NB/SH/T 0663—2014《汽油中醇类和醚类的测定 气相色谱法》,对乙醇汽油中的乙醇含量进行测定并评定其不确定度。

### 二、测量步骤

称取适量乙二醇二甲基醚(DME)作为内标物加入样品中,将样品注射到气相色谱仪中,按设定程序测量,计算乙醇峰面积和 DME 峰面积的响应比,从标准曲线上读出乙醇和 DME 的质量比并进一步计算出样品中的乙醇含量。

对一批车用乙醇汽油(E10)的乙醇含量进行测定,具体结果见表 6-1。

**表 6-1 一批车用乙醇汽油(E10)乙醇含量测定结果**

| 样品编号 | 称样量/g | DME/g | 乙醇峰面积 | DME 峰面积 | 乙醇含量(质量分数)/% |
|---|---|---|---|---|---|
| 106402 | 0.527 0 | 0.042 4 | 11 245.7 | 6 293.8 | 11.516 |
| 106402 | 0.678 4 | 0.043 0 | 11 433.6 | 4 981.3 | 11.652 |
| 平均值 | 0.602 7 | 0.042 7 | 11 339.65 | 5 637.55 | 11.584 |
| 平均质量比 | 1.634 9 | — | 平均面积比 | 2.011 45 | — |

### 三、测量模型

制备工作曲线时,计算乙醇和 DME 的质量比 $amt$ 和峰面积响应比 $rsp$。

$$amt = \frac{w_E}{w_D} \tag{6-1}$$

$$rsp = \frac{A_E}{A_D} \tag{6-2}$$

以标准样品的 $rsp$ 作为 $y$ 轴,以标准样品的 $amt$ 作为 $x$ 轴,通过最小二乘法拟合工作曲线为:

$$rsp = m \cdot amt + b \tag{6-3}$$

式中　$w_E, w_D$——乙醇的质量和内标物 DME 的质量；

　　　$A_E, A_D$——乙醇的峰面积和内标物 DME 的峰面积；

　　　$m, b$——工作曲线的斜率和截距。

测量样品时，通过样品的 $rsp$ 计算 $amt$，再根据样品和 DME 的质量计算出乙醇的质量分数 $E_W$，最后通过密度换算为体积分数 $E_V$。

$$E_W = \frac{W_E}{W_g} \times 100\% \qquad (6\text{-}4)$$

$$E_W = \frac{rsp - b}{m} \frac{W_D}{W_g} \times 100\% \qquad (6\text{-}5)$$

$$E_W = \frac{\frac{A_E}{A_D} - b}{m} \frac{W_D}{W_g} \times 100\% \qquad (6\text{-}6)$$

$$E_V = E_W \frac{\rho_g}{\rho_E} \qquad (6\text{-}7)$$

式中　$W_E, W_D$——试样中乙醇的质量和内标物 DME 的质量，g；

　　　$W_g$——试样的质量，g；

　　　$\rho_g, \rho_E$——试样的密度和乙醇的密度，g/cm³。

## 四、不确定度来源的识别

由检测过程及式(6-6)、式(6-7)可以分析得出，乙醇汽油中乙醇含量的不确定度来源于样品和内标物的称量、乙醇组分和内标物的峰面积测量、标准曲线斜率和截距的不确定度分量，以及天平读数精度偏差、内标物混匀程度、进样体积变动、色谱分离和氢火焰的稳定性等随机变化分量。

图 6-1 列出了各个不确定度分量的来源。

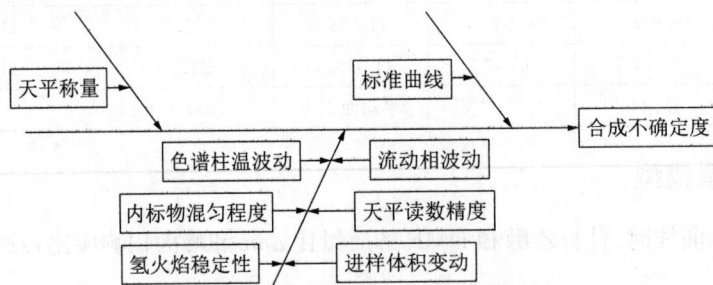

图 6-1　不确定度来源因果图

## 五、不确定度的评定

### 1. 标准不确定度的 A 类评定

各种随机因素导致的不确定度用 A 类方式评定，这里采用预评定法，对一批车用乙醇汽油（E10）的乙醇含量预先测定 20 次，结果见表 6-2。

表 6-2　一批车用乙醇汽油（E10）乙醇含量测定结果

| 测量序号 | 称样量/g | DME/g | 乙醇峰面积 | DME 峰面积 | 乙醇含量（质量分数）/% |
|---|---|---|---|---|---|
| 1 | 0.701 1 | 0.040 1 | 12 324.8 | 4 904.4 | 11.511 |
| 2 | 0.731 5 | 0.040 7 | 11 775.1 | 4 491.4 | 11.682 |
| 3 | 0.727 1 | 0.043 2 | 11 441.9 | 4 684.4 | 11.623 |
| 4 | 0.719 4 | 0.042 0 | 11 763.5 | 4 786.6 | 11.491 |
| 5 | 0.742 0 | 0.038 8 | 12 026.6 | 4 253.9 | 11.839 |
| 6 | 0.735 7 | 0.039 4 | 12 246.7 | 4 452.6 | 11.796 |
| 7 | 0.712 5 | 0.041 3 | 11 610.2 | 4 574.8 | 11.781 |
| 8 | 0.729 6 | 0.038 2 | 11 775.9 | 4 213.0 | 11.719 |
| 9 | 0.722 3 | 0.043 2 | 11 520.5 | 4 692.5 | 11.760 |
| 10 | 0.709 2 | 0.041 3 | 11 925.7 | 4 788.3 | 11.616 |
| 11 | 0.717 5 | 0.042 5 | 11 848.6 | 4 833.6 | 11.629 |
| 12 | 0.711 9 | 0.042 1 | 11 604.6 | 4 717.6 | 11.650 |
| 13 | 0.721 8 | 0.042 5 | 11 645.7 | 4 692.3 | 11.703 |
| 14 | 0.718 7 | 0.043 2 | 11 728.7 | 4 827.7 | 11.695 |
| 15 | 0.726 8 | 0.039 1 | 11 691.8 | 4 317.1 | 11.668 |
| 16 | 0.698 1 | 0.042 0 | 11 815.6 | 4 909.5 | 11.596 |
| 17 | 0.723 7 | 0.042 0 | 11 836.4 | 4 785.9 | 11.495 |
| 18 | 0.723 2 | 0.036 8 | 12 047.6 | 4 230.1 | 11.605 |
| 19 | 0.704 3 | 0.043 3 | 11 716.9 | 4 843.0 | 11.912 |
| 20 | 0.711 9 | 0.041 7 | 11 620.3 | 4 688.8 | 11.626 |
| 平均值（n=20） | | | | | 11.670 |
| 单次测量标准偏差 s | | | | | 0.111 |

单次测量标准偏差根据贝塞尔公式计算。

对编号 106402 车用乙醇汽油（E10）的乙醇含量测量两次（表 6-1），以平均值报告。平均值的 A 类标准不确定度计算如下：

$$u_A = \frac{s}{\sqrt{n'}} = \frac{0.111\%}{\sqrt{2}} = 0.078\%$$

**2. 标准不确定度的 B 类评定**

1）标准曲线斜率和截距的标准不确定度

利用成套的 5 个标准油样制作标准曲线，每个标准油样测量 1 次，结果见表 6-3。编号 106402 的车用乙醇汽油（E10）每个试样测量 1 次，结果见表 6-1。

通过标准曲线读出的结果是样品的质量比 $amt$，即模型式(6-5)中的 $\frac{rsp-b}{m}$，不确定度 $u(amt)$ 通过模型式(6-5)传递给样品的乙醇含量。

表 6-3　标准曲线及样品校准导致的不确定度

| 标样序号 | 质量比 $amt$ | 面积比 $rsp$ | 标准曲线 |
|---|---|---|---|
| 1 | 0.043 | 0.081 4 | |
| 2 | 0.239 | 0.281 9 | |
| 3 | 1.010 | 1.233 6 | |
| 4 | 1.562 | 1.949 0 | |
| 5 | 2.317 | 2.906 5 | |
| $n$ | | 5 | |
| $p$ | | 1 | |
| $s$ | | 0.025 7 | |
| $m$ | | 1.249 4 | |
| $b$ | | −0.001 7 | |
| $(amt-\overline{amt})^2$ | | 0.360 84 | |
| $\sum amt_i^2$ | | 8.887 4 | |
| $\dfrac{(\sum amt_i)^2}{n}$ | | 5.347 8 | |
| $u(amt)$ | | 0.023 4 | |

标准曲线图：$y = 1.249\,4x - 0.001\,7$，$R^2 = 0.999\,6$（纵轴：面积比；横轴：质量比）

2) 天平称量的不确定度

天平的校准证书显示最大允许误差为 0.000 2 g，每次称量(有 2 次称量)均需去皮清零，取均匀分布，则称量的不确定度为：

$$u(W_D)=u(W_g)=u(W)=\sqrt{2}\times\frac{0.000\,2}{\sqrt{3}}\,\text{g}=0.000\,163\,\text{g}$$

3) 标准不确定度的 B 类合成

按测量模型式(6-5)合成 B 类不确定度：

$$u_B^2 = 100^2 \times \left\{ \left[\frac{W_D}{W_g}u(amt)\right]^2 + \left[\frac{amt}{W_g}u(W_D)\right]^2 + \left[-\frac{amt\cdot W_D}{W_g^2}u(W_g)\right]^2 \right\}$$

$$=100^2\times\{[0.070\,85\times0.023\,4]^2+[2.712\,6\times0.000\,163]^2+[-0.192\,18\times0.000\,163]^2\}$$

$$= 0.029\,45\,\%^2$$

# 六、报告结果

A 类、B 类合成不确定度为：

$$u=\sqrt{u_A^2+u_B^2}$$

$$u(E_W) = \sqrt{0.078^2 + 0.029\,45} = 0.19\%$$

按模型式(6-7)将质量分数转换为体积分数：

$$E_V = E_W \times \frac{\rho_g}{\rho_E} = \frac{11.584}{0.789\,4} \times 0.752\,0 = 11.04\%$$

$$u(E_V) = \sqrt{\left[\frac{\rho_g}{\rho_E}u(E_W)\right]^2 + \left[\frac{E_W}{\rho_E}u(\rho_g)\right]^2 + \left[-\frac{E_W\rho_g}{\rho_E^2}u(\rho_E)\right]^2}$$

按 SH/T 0604—2000《原油和石油产品密度测定法（U 形振动管法）》测定密度，再现性限为 0.000 5 g/cm³，标准不确定度即标准偏差为 $\frac{0.000\,5}{2.8}$ g/cm³ = 0.000 178 6 g/cm³，可以认为这是乙醇和乙醇汽油密度的不确定度。

$$u(E_V) = \sqrt{\left(\frac{0.752\,0}{0.789\,4}\times0.19\right)^2 + \left(\frac{11.584}{0.789\,4}\times0.000\,178\,6\right)^2 + \left(-\frac{11.584\times0.752\,0}{0.789\,4^2}\times0.000\,178\,6\right)^2}$$

$$= \sqrt{0.180\,998^2 + 0.002\,621^2 + -0.002\,496^2}$$

$$= 0.18\%$$

从计算结果来看，密度的不确定度是可以忽略的。

按标准不确定度报告：编号 106402 车用乙醇汽油（E10）样品重复测量 2 次，以平均值报告结果 $E_W$ 为 11.58%，标准不确定度 $u=0.19\%$；$E_V$ 为 11.04%，标准不确定度 $u=0.18\%$。

按扩展不确定度报告：编号 106402 车用乙醇汽油（E10）样品重复测量 2 次，以平均值报告结果 $E_W$ 为 11.58%，扩展不确定度 $U=0.38\%$，$p=95\%$，$k=2$；$E_V$ 为 11.04%，扩展不确定度 $U=0.36\%$，$p=95\%$，$k=2$。

可以简单地报告为：编号 106402 车用乙醇汽油（E10）样品重复测量 2 次，以平均值报告结果 $E_W=(11.58\pm0.38)\%$，$p=95\%$，$k=2$；$E_V=(11.04\pm0.36)\%$，$p=95\%$，$k=2$。

## 七、不确定度的应用

将各个不确定度分量列入表 6-4，可以看出 B 类不确定度是主要贡献，改进的主要方向是优化 B 类不确定度来源的各参数。

从理论上分析，假设曲线方程不变，但实际上标准油样的测量次数为 3 次，样品的测量次数为 2 次，$n=15$，$p=2$，则 $u(amt)$ 将降低为 0.016 8；假设将样品量和内标物 DME 的量分别增加 10 倍，则 B 类不确定度分量的灵敏系数会降低，从而贡献降低。计算结果参见表 6-5。合成标准不确定度由 0.19% 降低到 0.14%，改进效果还是比较明显的。同时，也可以看出，增加称量后的天平不确定度是可以忽略的，但标准曲线导致的不确定度仍然是主要方面，由于标准曲线的变动性主要反映色谱仪器的变动性，所以进一步优化色谱仪操作参数，提高氢火焰检测器效能是要考虑的改进方向，这同时也会降低 A 类不确定度。

表 6-4　不确定度分量及贡献

| 不确定度分量 | 不确定度 $u$ | 灵敏系数 $|c|$ | 贡献 $|c|\times u$ | 说　　明 |
|---|---|---|---|---|
| A 类 | 0.078% | 1 | 0.078% | — |
| B 类 | 0.172% | 1 | 0.172% | 主要改进方向 |
| B 类分量——曲线 | 0.023 4 | 0.070 85×100% | 0.165 8% | — |
| B 类分量——$W_D$ | 0.000 163 g | 2.712 6×100 $g^{-1}$ | 0.044 22% | — |
| B 类分量——$W_g$ | 0.000 163 g | 0.192 18×100 $g^{-1}$ | 0.003 13% | — |
| 总标准不确定度 | 0.19% | — | — | — |

表 6-5　改进后不确定度分量及贡献

| 不确定度分量 | 不确定度 $u$ | 灵敏系数 $|c|$ | 贡献 $|c|\times u$ | 说　　明 |
|---|---|---|---|---|
| A 类 | 0.078% | 1 | 0.078% | — |
| B 类 | 0.119 1% | 1 | 0.119 1% | 主要改进方向 |
| B 类分量——曲线 | 0.016 8 | 0.070 85×100% | 0.119 0% | — |
| B 类分量——$W_D$ | 0.000 163 g | 0.271 26×100 $g^{-1}$ | 0.004 422% | — |
| B 类分量——$W_g$ | 0.000 163 g | 0.019 218×100 $g^{-1}$ | 0.000 313% | — |
| 总标准不确定度 | 0.14% | — | — | — |

# 第二节　重量法测量石油焦中灰分含量的不确定度评定

## 一、目　的

依据 SH/T 0029—1990《石油焦灰分测定法》,对石油焦中的灰分含量进行测定并评定其不确定度。

## 二、测量步骤

称取适量石油焦样品置于(850±20)℃的马弗炉中煅烧至恒重,按试样在煅烧前后质量的差计算出灰分含量。瓷舟应预先煅烧至恒重,以 2 次质量差不超过 0.000 4 g 为恒重,试样 2 次煅烧的质量差不超过 0.001 g 为恒重,计算时均取恒重的质量。实际恒重的质量差均可以控制在 0.000 2 g。

对一个石油焦样品进行测定,具体结果见表 6-6。

表 6-6 一个石油焦样品灰分含量测定结果

表 6-6 一个石油焦样品灰分含量测定结果

| 样品编号 | 瓷舟恒重 $m_1$/g | 称样量 $m_2$/g | 煅烧后恒重 $m_3$/g | 灰分含量 $ASH$/% |
|---|---|---|---|---|
| 100 | 17.151 5 | 2.008 6 | 17.161 0 | 0.473 0 |
| 100 | 15.386 0 | 1.995 8 | 15.395 4 | 0.471 0 |
| 平均值 | 16.268 8 | 2.002 2 | 16.278 2 | 0.472 0 |

### 三、测量模型

石油焦灰分含量的测定方法是典型的重量法,测量模型见式(6-8)。

$$ASH = \frac{(m_3 - E) - (m_1 - E)}{m_2 - E} \times 100\% \qquad (6\text{-}8)$$

式中 $ASH$——灰分含量,%;

$E$——天平零点,0.000 0 g。

### 四、不确定度来源的识别

由检测过程及式(6-8)可以分析得出,石油焦灰分含量测定的不确定度来源于样品天平读数精度、样品混匀程度、马弗炉温度波动、室温波动、瓷舟吸湿性、煅烧程度以及天平称量最大允许误差等。

图 6-2 列出了各个不确定度分量的来源。

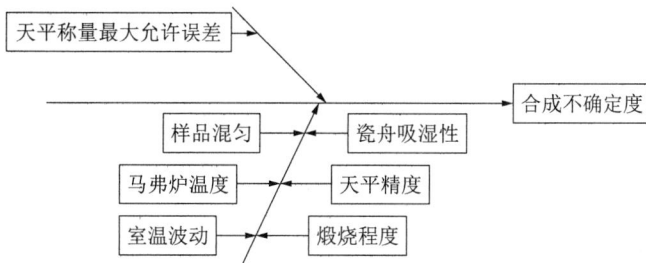

图 6-2 不确定度来源因果图

### 五、不确定度的评定

#### 1. 标准不确定度的 A 类评定

各种随机因素导致的不确定度用 A 类方式评定,本次实验采用预评估法,对一石油焦灰分含量预先测定 10 次,结果见表 6-7。

表 6-7 一石油焦灰分含量测定结果

| 测量序号 | 瓷舟恒重/g | 称样量/g | 煅烧后恒重/g | 灰分含量 $ASH$/% |
|---|---|---|---|---|
| 1 | 16.334 7 | 1.998 4 | 16.342 9 | 0.410 |
| 2 | 18.783 8 | 2.003 8 | 18.792 0 | 0.409 |

| 测量序号 | 瓷舟恒重/g | 称样量/g | 煅烧后恒重/g | 灰分含量 ASH/% |
|---|---|---|---|---|
| 3 | 18.911 8 | 1.998 2 | 18.920 4 | 0.430 |
| 4 | 19.202 3 | 1.991 6 | 19.210 9 | 0.432 |
| 5 | 18.240 3 | 2.003 4 | 18.248 9 | 0.429 |
| 6 | 19.040 8 | 1.984 6 | 19.049 2 | 0.423 |
| 7 | 20.302 3 | 1.997 0 | 20.310 7 | 0.421 |
| 8 | 17.734 7 | 2.016 2 | 17.742 9 | 0.407 |
| 9 | 17.151 8 | 2.005 6 | 17.160 6 | 0.439 |
| 10 | 17.392 5 | 2.004 4 | 17.401 3 | 0.439 |
| 平均值($n=10$) | — | — | — | 0.424 |
| 单次测量标准偏差 $s$ | — | — | — | 0.012 |

单次测量标准偏差根据贝塞尔公式计算。

对编号 100 的石油焦灰分含量测量 2 次(表 6-6),以平均值报告。平均值的 A 类标准不确定度计算如下:

$$u_A = \frac{s}{\sqrt{n'}} = \frac{0.012\%}{\sqrt{2}} = 0.008\ 5\%$$

**2. 标准不确定度的 B 类评定**

B 类不确定度的来源只有称量,天平的校准证书显示最大允许误差为 0.000 2 g,每次称量均需去皮清零,因此称量的不确定度为:

$$u(m_1) = u(m_2) = u(m_3) = u(m) = \sqrt{2} \times \frac{0.000\ 2}{\sqrt{3}}\ g = 0.000\ 163\ g$$

按测量模型式(6-8)合成 B 类不确定度为:

$$u_B^2 = 100^2 \times \left[\frac{-1}{m_2}u(m_1)\right]^2 + \left[-\frac{m_3 - m_1}{m_2^2}u(m_2)\right]^2 + \left[\frac{1}{m_2}u(m_3)\right]^2$$
$$= 100^2 \times (0.499\ 451^2 + 0.002\ 37^2 + 0.499\ 451^2) \times 0.000\ 163^2$$
$$= 0.000\ 133\%^2$$

$$u_B = 0.011\ 5\%$$

## 六、报告结果

A 类、B 类合成不确定度为:

$$u = \sqrt{u_A^2 + u_B^2}$$

$$u(E_W) = \sqrt{0.008\ 5^2 + 0.011\ 5^2} = 0.014\% = 0.02\%$$

$$u(ASH) = \sqrt{0.008\ 5^2 + 0.011\ 5^2} = 0.02\%$$

按标准不确定度报告:编号 100 石油焦样品重复测量 2 次,以平均值报告灰分结果

*ASH* 为 0.47%,标准不确定度 $u=0.02\%$。

按扩展不确定度报告:编号 100 石油焦样品重复测量 2 次,以平均值报告灰分结果 *ASH* 为 0.47%,扩展不确定度 $U=0.04\%$,$p=95\%$,$k=2$。

### 七、不确定度的应用

将各个不确定度分量列入表 6-8 中,可以看出 B 类不确定度贡献较大。

表 6-8　不确定度分量及贡献

| 不确定度分量 | 不确定度 $u$ | 灵敏系数 $|c|$ | 贡献 $|c| \times u$ |
|---|---|---|---|
| A 类 | 0.008 5% | 1 | 0.008 5% |
| B 类 | 0.011 5% | 1 | 0.011 5% |
| B 类分量——瓷舟 | 0.000 163 g | $0.499\ 451 \times 100\ g^{-1}$ | $8.14 \times 10^{-5}\%$ |
| B 类分量——试样 | 0.000 163 g | $0.002\ 37 \times 100\ g^{-1}$ | $3.86 \times 10^{-7}\%$ |
| B 类分量——煅烧后 | 0.000 163 g | $0.499\ 451 \times 100\ g^{-1}$ | $8.14 \times 10^{-5}\%$ |
| 总标准不确定度 | 0.014% | — | — |

从 A 类、B 类不确定度的评定来看,本次实验的质量控制措施可以从两个方面展开:① 控制波动因素,如采用效能更好的马弗炉以减小温度波动范围,控制室温和相对湿度波动以减弱瓷舟吸湿性,振动松散灰分以使灰分内部充分煅烧等;② 适当增加试样量以降低各次称样不确定度的灵敏系数,但要注意煅烧彻底。

# 第三节　沥青针入度测量的不确定度评定

## 一、目　的

依据 GB/T 4509—2010《沥青针入度测定法》,对石油沥青的针入度进行测定并评定其不确定度。

## 二、测量步骤

根据仪器说明书和标准方法规定,按下述步骤调整仪器并进行样品测量。

(1)调节针入度仪水平,检查针连杆和导轨,确保上面没有水和其他物质。如果预测针入度超过 350(单位 1/10 mm),则应选择长针,否则采用标准针。先用合适的溶剂将针擦干净,再用干净的布擦干,然后将针插入针连杆中固定。按实验条件选择合适的砝码并将其放好。

(2)如果测试时针入度仪是在水浴中的,则直接将盛样皿放在浸于水中的支架上,使试样完全浸在水中。如果实验时针入度仪不在水浴中,则将已恒温到实验温度的试样皿放在平底玻璃皿中的三角支架上,用与水浴相同温度的水完全覆盖样品,将平底玻璃皿放置在针入度仪的平台上。慢慢放下针连杆,使针尖刚刚接触到试样的表面,必要时用放置在合适位置的光源观察针头位置,使针尖与水中针头的投影刚刚接触为止。轻轻拉下活杆,使其与针连杆顶端相接触,调节针入度仪上的表盘读数指零或归零。

(3)在规定时间内快速释放针连杆,同时启动秒表或计时装置,使标准针自由下落而穿入沥青试样中,到规定时间时使标准针停止移动或自动停止锥入。

(4)拉下活杆,再使其与针连杆顶端相接触,此时表盘指针的读数即试样的针入度,或自动停止锥入,通过数据显示设备直接读出锥入深度数值,得到针入度,用 1/10 mm 表示。

(5)同一试样至少重复测定 3 次。

将一个沥青样品制成两个试样,每个试样测试 3 次,测定结果见表 6-9,最终结果报告为两个试样针入度的平均值。

表 6-9　一个沥青样品针入度测定结果　　　　　单位:1/10 mm

| 样品编号 | $L_1$ | $L_2$ | $L_3$ | $\bar{L}_i$ |
|---|---|---|---|---|
| 100230-1 | 73.2 | 72.6 | 72.3 | 72.7 |
| 100230-2 | 72.0 | 73.4 | 72.4 | 72.6 |
| 平均值 $\bar{L}$ | — | — | — | 72.65 |

### 三、测量模型

每个试样进行三次测量,三次测量的平均值作为一次测量结果,测量模型见式(6-9)。

$$P_i = \bar{L}_i \tag{6-9}$$

式中　$P_i$——针入度,1/10 mm;

　　　$\bar{L}_i$——三次平均读数,1/10 mm。

### 四、不确定度来源的识别

#### 1. 沥青针入度仪的测量原理和构造

道路用沥青材料的物理性能(例如黏度、针入度、延度、软化点、闪点、脆点等)对沥青路面的路用性能有着非常重要的作用。在我国,对道路沥青材料物理性能选用的主要技术指标是其针入度、延度和软化点,通称沥青针入度体系。道路用沥青材料针入度是按特定的方法定义的:在规定条件下,标准针垂直穿入沥青试样的深度,以 1/10 mm 表示。也就是说,当检测时,所有的条件均应处于标准检测方法规定的要求之内。如果不能满足标准检测方法规定的检测条件,则针入度仪示值装置所获得的指示值就没有可比性,也就没有实际意义。

#### 2. 仪器的主要计量性能要求

本次实验使用上海昌吉仪器有限公司 SYD-2801F 型自动针入度实验仪,示值装置为位移传感器(数显式)。测量范围为 0～600 个针入度值,针入度精度为 ±1 个针入度单位;时间控制装置示值误差小于 0.1 s。

**3. 标准针的技术要求**

标准针的硬度、表面粗糙度、针体截头的圆锥度和圆柱体的同轴度、针体截头的圆锥端面和相应锥体轴线的垂直度都会对检测结果的溯源性产生影响。

标准针的制作材料应满足标准要求,针由针体和针箍组成。针箍长度为(38±1) mm,直径为(3.2±0.02) mm;针体长度为(50±1) mm,直径为(1.01±0.01) mm;针头的锥体角度为 8°40′~9°40′,切平的圆锥端直径为(0.15±0.01) mm。

针的质量为(2.5±0.05) g,针连杆的质量为(47.5±0.05) g,加上相应的配重砝码后总质量为(100±0.05) g。

**4. 恒温水浴要求**

水浴控温精度为±0.1 ℃,容量不小于 10 L。

**5. 平底玻璃皿要求**

平底玻璃皿的容量不小于 350 mL,深度没过最大样品皿,内部配置一个不锈钢三角支架以确保盛样皿垂直稳定。

**6. 盛样皿要求**

盛样皿是由金属或玻璃制成的圆柱体平底容器,当用于检测的针入度值为 40~200 个单位时,盛样皿的内径为(55±1) mm,深度为(35±1) mm。

**7. 不确定度的来源**

针入度测量的不确定度来源于样品均匀性、恒温波动、垂直度偏差、读数精度、标准针制作精度等,以 A 类方式评定。

配重允许偏差、计时允许偏差、修约不确定度等以 B 类方式评定。

不确定度来源如图 6-3 所示。

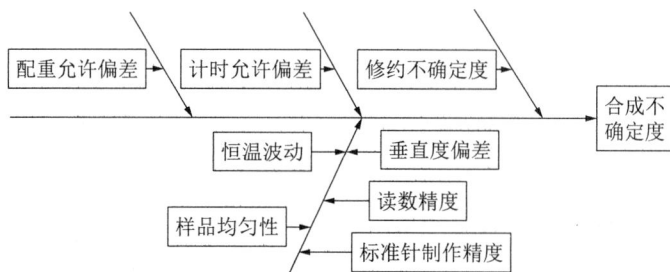

图 6-3　不确定度来源因果图

## 五、不确定度的评定

**1. 标准不确定度的 A 类评定**

各种随机因素导致的不确定度用 A 类方式评定,这里采用预评估法,对一个石油沥青样品在 25 ℃下的针入度值预先测定 10 次,结果见表 6-10。

表 6-10　一个石油沥青样品在 25 ℃下的针入度值的 10 次测定结果

| 测量值$L_i$/(1/10 mm) | | | | | 平均值/(1/10 mm) | 标准偏差 $s$/(1/10 mm) |
|---|---|---|---|---|---|---|
| 73.2 | 72.6 | 73.5 | 72.3 | 73.1 | 72.9 | 0.54 |
| 72.0 | 72.8 | 73.8 | 73.0 | 72.7 | | |

单次测量标准偏差根据贝塞尔公式计算。

对编号 100230 沥青样品的针入度测量 2 次(表 6-9),以平均值报告。平均值的 A 类标准不确定度计算如下:

$$u_A = \frac{s}{\sqrt{n'}} = \frac{0.54}{\sqrt{2}} \ (1/10 \ \text{mm}) = 0.38 \ (1/10 \ \text{mm})$$

**2. 标准不确定度的 B 类评定**

1) 修约不确定度

仪器说明书给出的允许误差为 ±1(1/10 mm),如果每次读数和最终结果均精确至 1(1/10 mm),则可以忽略修约不确定度。如果每次读数精确至 0.1(1/10 mm),最终结果精确至 1(1/10 mm),修约间隔为"1",则修约不确定度为:

$$u_B[R(P)] = \frac{0.5}{\sqrt{3}} \ (1/10 \ \text{mm}) = 0.29 \ (1/10 \ \text{mm})$$

2) 配重不确定度

标准针在重力作用下插入沥青时会受到沥青的摩擦阻力,停止或插入很慢时可以认为重力和阻力基本达到受力平衡。设面摩擦系数为 $\eta$,标准针截面积为 $S$,插入深度为 $L$,则有:

$$mg = SL\eta \tag{6-10}$$

$$u(m) = u_2(L)S\frac{\eta}{g} \tag{6-11}$$

$$u_r(m) = \frac{u(m)}{m} = \frac{u_2(L)S\dfrac{\eta}{g}}{m} = \frac{u_2(L)}{L} = u_{2,r}(L) \tag{6-12}$$

式中　$m$——配重,g;

　　$g$——重力加速度,9.8 m/s。

$$u_{2,r}(L) = \frac{0.05}{100 \times \sqrt{3}} = 0.000\ 29$$

$$u_2(L) = 0.000\ 29L \ (1/10 \ \text{mm})$$

对同一个试样,采用同样的装置读数 3 次并取平均值,3 次读数完全正相关,则同一个试样针入度的标准不确定度为:

$$u_2(\overline{L}_i) = \frac{1}{3}u_2(L) = 9.6 \times 10^{-5}L \ (1/10 \ \text{mm})$$

样品针入度为两个试样的平均值,即

$$u_2(P) = u_2(\overline{L}) = \frac{u_2(\overline{L_i})}{\sqrt{2}} = 0.005\ 0\ (1/10\ mm)$$

3）计时允差不确定度

在接近 5 s 终止时,针入的速度比初始时降低很多,计时的少许变化对 $L$ 的影响较小,计时最大允许误差导致的不确定度可以忽略。如果秒表或仪器内部计时经过计量校准并给出误差 $\Delta t$,则应设置终止时间为$(5+\Delta t)$ s,不确定度可以忽略。

4）合成 B 类不确定度

配重和修约导致的不确定度分量没有相关性,因此合成 B 类不确定度为:

$$u_B = \sqrt{[u_1(P)]^2 + [u_2(P)]^2} = 0.29\ (1/10\ mm)$$

## 六、报告结果

A 类、B 类合成不确定度为:

$$u_c = \sqrt{u_A^2 + u_B^2} = \sqrt{0.38^2 + 0.29^2}\ (1/10\ mm) = 0.48\ (1/10\ mm)$$
$$= 0.5\ (1/10\ mm)$$

按标准不确定度报告:编号 100230 沥青样品重复测量 2 次,以平均值报告针入度结果为 73 (1/10 mm),标准不确定度 $u=0.5$ (1/10 mm)。

按扩展不确定度报告:编号 100230 沥青样品重复测量 2 次,以平均值报告针入度结果为 73 (1/10 mm),扩展不确定度 $U=1$ (1/10 mm),$p=95\%$,$k=2$。

## 七、不确定度的应用

将各个不确定度分量列入表 6-11,可以看出 A 类不确定度贡献较大。

表 6-11  不确定度分量及贡献

| 不确定度分量 | 不确定度 $u$ | 灵敏系数 $|c|$ | 贡献 $|c| \times u$ |
|---|---|---|---|
| A 类 | 0.38 (1/10 mm) | 1 | 0.380(1/10 mm) |
| B 类 | 0.29 (1/10 mm) | 1 | 0.290(1/10 mm) |
| B 类分量——修约 | 0.29 (1/10 mm) | 1 | 0.290(1/10 mm) |
| B 类分量——配重 | 0.005 0 (1/10 mm) | 1 | 0.005 00(1/10 mm) |
| B 类分量——计时 | 0 | 1 | 0 |
| 合成标准不确定度 | 0.5 (1/10 mm) | — | — |

从 A 类、B 类不确定度的评定来看,本次实验的质量控制或改进措施可以从如下几个方面展开:① 改善样品处理方式,提高处理后样品的均匀度;② 优化设备性能,提高设备示值精度;③ 进一步规范检测方法和设备操作流程,减少人为因素的影响。

## 第四节　破乳剂中无机氯含量测量的不确定度评定

### 一、目　的

依据 SY/T 7329—2016《油田化学剂中有机氯含量测定方法》,对破乳剂中无机氯含量进行测定,并对检测结果进行不确定度评定。

### 二、测量步骤

将称量的样品用蒸馏水溶解,用盐含量测定仪将溶解后的样品注入含有一定量银离子的乙酸电解液中,试样中的氯离子即与银离子发生反应:

$$Ag^+ + Cl^- \longrightarrow AgCl\downarrow$$

反应消耗的银离子由发生电极电生补充,通过测量电生银离子消耗的电量,根据法拉第定律即可求得无机氯含量。

本样品在测量时,环境温度为 25 ℃,温度波动为 ±5 ℃/h,相对湿度≤85%。

在 25 mL 容量瓶中加入准确称取的 0.030 0 g 样品,称量后记录其质量为 $m_1$,然后加入蒸馏水,定容摇匀。用微量进样器向盐含量测定仪电解池中加入 40 μL 处理好的样品溶液,测得样品中无机氯含量为 $X_1$。用盐含量测定仪对蒸馏水进行空白实验,记录空白实验的氯离子浓度 $X_{01}$。

$$A = \frac{(X_1 - X_{01})V_1}{m_1 \times 10^6} \times 100\% \tag{6-13}$$

$$X = \frac{QM}{FV_2 f} = \frac{Q \times 58.55}{96\ 493 \times 40 \times f} \times 10^6 \tag{6-14}$$

式中　$A$——无机氯含量,%;

$X$——注入 $V_2$ 试样后仪器测得的无机氯含量(以 NaCl 计),mg/L;

$X_1$——样品溶液中无机氯的质量浓度(以 NaCl 计),mg/L;

$X_{01}$——空白实验无机氯的质量浓度(以 NaCl 计),mg/L;

$m_1$——试样质量,g;

$V_1$——样品定容体积,25 mL;

$V_2$——样品注入体积,40 μL。

### 三、不确定度的来源

从测量模型与测量过程可以看出,测定破乳剂中无机氯含量的不确定度主要来源于以下几个方面:

(1) 样品多次测量数理统计求平均值产生的测量不确定度 $u_A$,属于 A 类不确定度;

(2) 样品称量引入的样品质量 $m$ 的不确定度 $u_B(m)$,属于 B 类不确定度;

（3）样品定容时容量瓶引入的不确定度 $u_B(V_1)$，属于 B 类不确定度；

（4）样品注入引入的不确定度 $u_B(V_2)$，属于 B 类不确定度；

（5）WC-2001 型微机盐含量测定仪引入的不确定度 $u_B(X)$，属于 B 类不确定度。

## 四、不确定度的评定

### 1. 标准不确定度的 A 类评定

测定破乳剂中无机氯含量重复性引入的标准不确定度 $u_A$ 可以通过连续测量得到一系列测量数据，采用 A 类方式进行评定。

用盐含量测定仪连续测量 8 次，得到的测量数据见表 6-12。

表 6-12　测量数据

| 次数/$i$ | $m_1$/mg | $V_2$/$\mu$L | $X_1$/(mg·L$^{-1}$) | $X_{01}$/(mg·L$^{-1}$) | 无机氯含量 $A$/% |
|---|---|---|---|---|---|
| 1 | 0.030 0 | 40.00 | 0.720 | 0 | 0.060 |
| 2 | 0.030 0 | 40.00 | 0.612 | 0 | 0.051 |
| 3 | 0.030 0 | 40.00 | 0.768 | 0 | 0.064 |
| 4 | 0.030 0 | 40.00 | 0.756 | 0 | 0.063 |
| 5 | 0.030 0 | 40.00 | 0.732 | 0 | 0.061 |
| 6 | 0.030 0 | 40.00 | 0.624 | 0 | 0.052 |
| 7 | 0.030 0 | 40.00 | 0.600 | 0 | 0.050 |
| 8 | 0.030 0 | 40.00 | 0.612 | 0 | 0.051 |
| 平均值 | 0.030 0 | 40.00 | 0.678 | 0 | 0.056 5 |

统计计算如下：

$$\overline{A} = \frac{1}{8}\sum_{i=1}^{8} A_i = 0.056\ 5\%$$

单次测量标准偏差为：

$$s = \sqrt{\frac{1}{n-1}\sum_{i=1}^{8}(A_i - \overline{A})^2} = 0.006\ 0\%$$

实际测量时，在重复条件下连续测量 8 次，以 8 次测量值的算术平均值作为结果，可得到测量重复性所引起的不确定度（A 类）分量为：

$$u_A = \frac{s}{\sqrt{8}} = 0.002\ 1\%$$

测量重复性所引入的相对标准不确定度为：

$$u_{r,A} = \frac{u_A}{A} = \frac{0.002\ 1}{0.056\ 5} = 0.037$$

### 2. 标准不确定度的 B 类评定

**1) 样品称量引入的样品质量 $m$ 的不确定度 $u_B(m)$**

称取样品质量 $m_1 = 0.030\ 0$ g，称量的重复性产生的不确定度已包含在 A 类评定中。电子天平检定证书给出在 $0\ \text{g} \leqslant m \leqslant 100\ \text{g}$ 范围内称量产生的最大允许误差为 $\pm 0.10$ mg，取均匀分布，称取样品通常独立进行 2 次，则不确定度为：

$$u_B(m) = \sqrt{2} \times \frac{0.10}{\sqrt{3}}\ \text{mg} = 0.082\ \text{mg}$$

$$u_{r,B}(m) = \frac{0.082}{0.03 \times 10^3} = 0.003$$

**2) 样品定容时容量瓶引入的不确定度 $u_B(V_1)$**

25 mL A 级容量瓶的最大允许误差为 0.125 mL，取均匀分布，包含因子为 $\sqrt{3}$，则其不确定度为：

$$u_B(V_1) = \frac{0.125}{\sqrt{3}} = 0.072\ \text{mL}$$

$$u_{r,B}(V_1) = \frac{0.072}{25} = 0.003$$

**3) WC-2001 型微机盐含量测定仪引入的不确定度 $u_B(X)$**

根据微库仑测量原理和测量模型式 (6-14)，$u_B(X)$ 来源于仪器电量测量、微量进样器体积以及回收率校正因子。

由于仪器未提供电量测量数据和精密度，所以以仪器的检测灵敏度为 0.1 mg NaCl/L 代替计算（电量检测的灵敏度通过法拉第定律可计算为浓度的灵敏度，灵敏度的半宽为 0.1/2）。由于样品和空白实验的检测相同，因此电量的不确定度为：

$$u_B(Q) = \sqrt{2} \times \frac{0.1}{2\sqrt{3}}\ \text{mg NaCl/L} = 0.041\ \text{mg NaCl/L}$$

$$u_{r,B}(Q) = \frac{0.041}{0.678} = 0.060$$

40 $\mu$L 微量进样器的最大允许误差为 0.20 $\mu$L，取均匀分布，样品和空白实验进行同样的检测，则其不确定度为：

$$u_B(V_2) = \sqrt{2} \times \frac{0.20}{\sqrt{3}}\ \mu\text{L} = 0.163\ \mu\text{L}$$

$$u_{r,B}(V_2) = \frac{0.163}{40} = 0.004$$

方法要求回收率校正因子 $f$ 在 80%～120% 之间时近似为 1，其不确定度评定过程和样品测量过程一致，但回收率校正因子应该是通过比样品测量更多的测量次数得到的，其不确定度远小于样品的测量，所以本次实验予以忽略。

$$u_{r,B}(X) = u_{r,B}(X_1 - X_{01}) = \sqrt{[u_{r,B}(Q)]^2 + [u_{r,B}(V_2)]^2} = 0.060$$

4）合成 B 类不确定度

样品无机氯含量测定过程引入的相对标准不确定度为：

$$u_{r,B} = \sqrt{[u_{r,B}(m)]^2 + [u_{r,B}(V_1)]^2 + [u_{r,B}(X)]^2} = \sqrt{0.003^2 + 0.003^2 + 0.060^2} = 0.060$$

## 五、合成标准不确定度和扩展不确定度的计算

### 1. 合成标准不确定度的计算

A 类、B 类两个不确定度分量各不相关，相对标准不确定度为：

$$u_r = \sqrt{(u_{r,A})^2 + (u_{r,B})^2} = \sqrt{0.037^2 + 0.060^2} = 0.070$$

合成标准不确定度为：

$$u_c = u_r \overline{A} = 0.070 \times 0.056\ 5\% = 0.004\ 0\%$$

### 2. 扩展不确定度的计算

取包含因子 $k=2$，包含概率为 95％，则扩展不确定度为：

$$U = ku_c = 2 \times 0.004\ 0 = 0.008\% \approx 0.01\%$$

## 六、报告结果

通过对破乳剂中无机氯含量不确定度的分析评定可知，破乳剂中无机氯含量测量结果（保留至小数点后两位）为 $(0.06 \pm 0.01)\%$，$k=2$。

## 七、不确定度的应用

从标准不确定度分量看，盐含量测定仪的灵敏度是不确定度的主要来源，提高检测质量的主要措施应是改善盐含量测定仪的灵敏度、提高称样量和/或提高试液注入量。

# 第五节　钻井液用膨润土中压滤失量测量的不确定度评定

## 一、目　的

依据 SY/T 5621—1993《钻井液测试程序》，对膨润土中压滤失量进行测量并评定结果的不确定度。

## 二、测量步骤

### 1. 测量原理

在 $(690 \pm 35)$ kPa 的压差下，钻井液滤过直径为 76 mm 的渗滤面 30 min 后测得的滤出液体积（单位 mL）即钻井液中压滤失量。

### 2. 环境及养护条件

实验室温度 25 ℃±1 ℃，养护时间 16 h。

**3. 使用的主要仪器设备**

六联失水量测定仪,瓦特曼(Whatman)50 型滤纸,灵敏度为 0.1 s 的秒表,容量为 25 mL、分度值为 0.5 mL 的量筒。

**4. 测量过程**

在洁净、干燥的压滤器内放一张干燥的滤纸,将垫圈等按顺序装配好。将已用高速搅拌器搅拌 1 min 后的钻井液倒入压滤器中,使钻井液液面距顶部 1 cm,盖好压滤器的盖子并把量筒放在六联失水量测定仪流出口下面。迅速加压并计时,所加压力为(690±35)kPa [(6.81±0.34)atm 压力源用氮气]。当滤出时间为 30 min 时,将六联失水量测定仪流出口上的残流液滴收集到量筒中,移去量筒,读取并记录所采集的滤液的体积。

该测量模型比较简单,其量筒读数即结果。

$$P = V \tag{6-15}$$

式中    $P$——压滤失量,mL;

　　　　$V$——量筒读数,mL。

## 三、不确定度的来源

不确定度来源于样品抽取代表性、样品制备的一致性、环境及测量条件波动性、人员操作的熟练程度、量筒的读数偏差以及量筒的允许误差、六联失水量测定仪检定等,如图 6-4 所示。

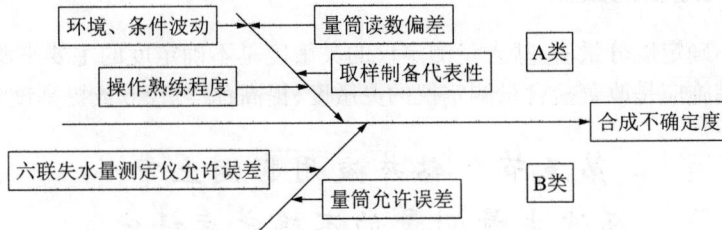

图 6-4    不确定度来源因果图

## 四、不确定度的评定

**1. 标准不确定度的 A 类评定**

在同一实验条件下,对同一钻井液用膨润土的样品做 10 次重复性实验,测定结果见表 6-13。

表 6-13    某钻井液用膨润土中压滤失量测定结果

| 序　号 | 1 | 2 | 3 | 4 | 5 | 6 | 7 | 8 | 9 | 10 |
|---|---|---|---|---|---|---|---|---|---|---|
| $P$/mL | 12.0 | 12.4 | 12.8 | 12.6 | 12.2 | 12.6 | 12.2 | 12.4 | 12.8 | 12.4 |

$P$ 的最佳估计值为:

$$\bar{P} = \frac{1}{n} \sum P_i = 12.44 \text{ mL}$$

实验标准偏差 $s(P)$ 用贝塞尔公式计算：

$$s(P) = \sqrt{\frac{1}{n-1}\sum_{i=1}^{n}(P_i - \overline{P})^2} = 0.263 \text{ mL}$$

标准不确定度为：

$$u_A = s = \frac{s(P)}{\sqrt{n}} = \frac{0.263}{\sqrt{10}} \text{ mL} = 0.083 \text{ mL}$$

**2. 六联失水量测定仪的误差引入的不确定度**

检定证书显示，六联失水量测定仪的允许误差最大不超过 0.5 mL，按均匀分布可得标准不确定度为：

$$u_1(P) = \frac{0.5}{\sqrt{3}} \text{ mL} = 0.29 \text{ mL}$$

**3. 量筒的误差引入的不确定度**

根据《常用玻璃量器》（JJG 0196—2006），25 mL 量筒的最大允许误差为 ±0.25 mL，按均匀分布可得标准不确定度为：

$$u_2(P) = \frac{0.25}{\sqrt{3}} \text{ mL} = 0.14 \text{ mL}$$

## 五、合成标准不确定度和扩展不确定度的计算

**1. 合成标准不确定度的计算**

由于各分量互不相关，所以合成标准不确定度为：

$$u = \sqrt{u_A^2 + [u_1(P)]^2 + [u_2(P)]^2} = \sqrt{0.083^2 + 0.29^2 + 0.14^2} \text{ mL} = 0.33 \text{ mL}$$

**2. 扩展不确定度的计算**

取包含因子 $k=2$，可得钻井液用膨润土中压滤失量检测结果 $P$ 的扩展不确定度为：

$$U = ku = 0.66 \text{ mL} \approx 0.7 \text{ mL}$$

## 六、报告结果

对于本次检测，结果保留至小数点后 1 位，以 10 次测量的平均值报告测量结果，钻井液用膨润土中压滤失量 $P = (12.4 \pm 0.7)$ mL，$k=2$。

## 七、不确定度的应用

从上述评定的 3 个分量看，六联失水量测定仪和量筒的不确定度比较大，质量改进措施可以包含以下几个方面：① 采用精度更高的量筒；② 更为精细地控制六联失水量测定仪的压力及注液液面等。

# 参考文献

[1] JJF 1059.1—2012  测量不确定度评定与表示.

[2] CNAS-GL016—2020  石油石化领域理化检测测量不确定度评估指南及实例.

[3] GB/T 27411—2012  检测实验室中常用不确定度评定方法与表示.

[4] CNAS-CL01-G002—2018  测量结果的溯源性要求.

[5] CNAS-CL01-G003—2019  测量不确定度的要求.

[6] CNAS-GL006—2019  化学分析中不确定度的评估指南.

[7] CNAS-GL009—2018  材料理化检验测量不确定度评估指南及实例.

[8] CNAS-GL015—2018  声明检测或校准结果及与规范符合性的指南.

[9] CNAS-GL022—2018  基于质控数据环境检测测量不确定度评定指南.

[10] CNAS-TRL-010—2019  测量不确定度在符合性判定中的应用.

[11] RB/T 141—2018  化学检测领域测量不确定度评定  利用质量控制和方法确认数据评定不确定度.